U0346659

行走北京中轴线

WALKING ALONG THE CENTRAL AXIS OF BEIJING

刘晓涛　魏　敏
著

目录

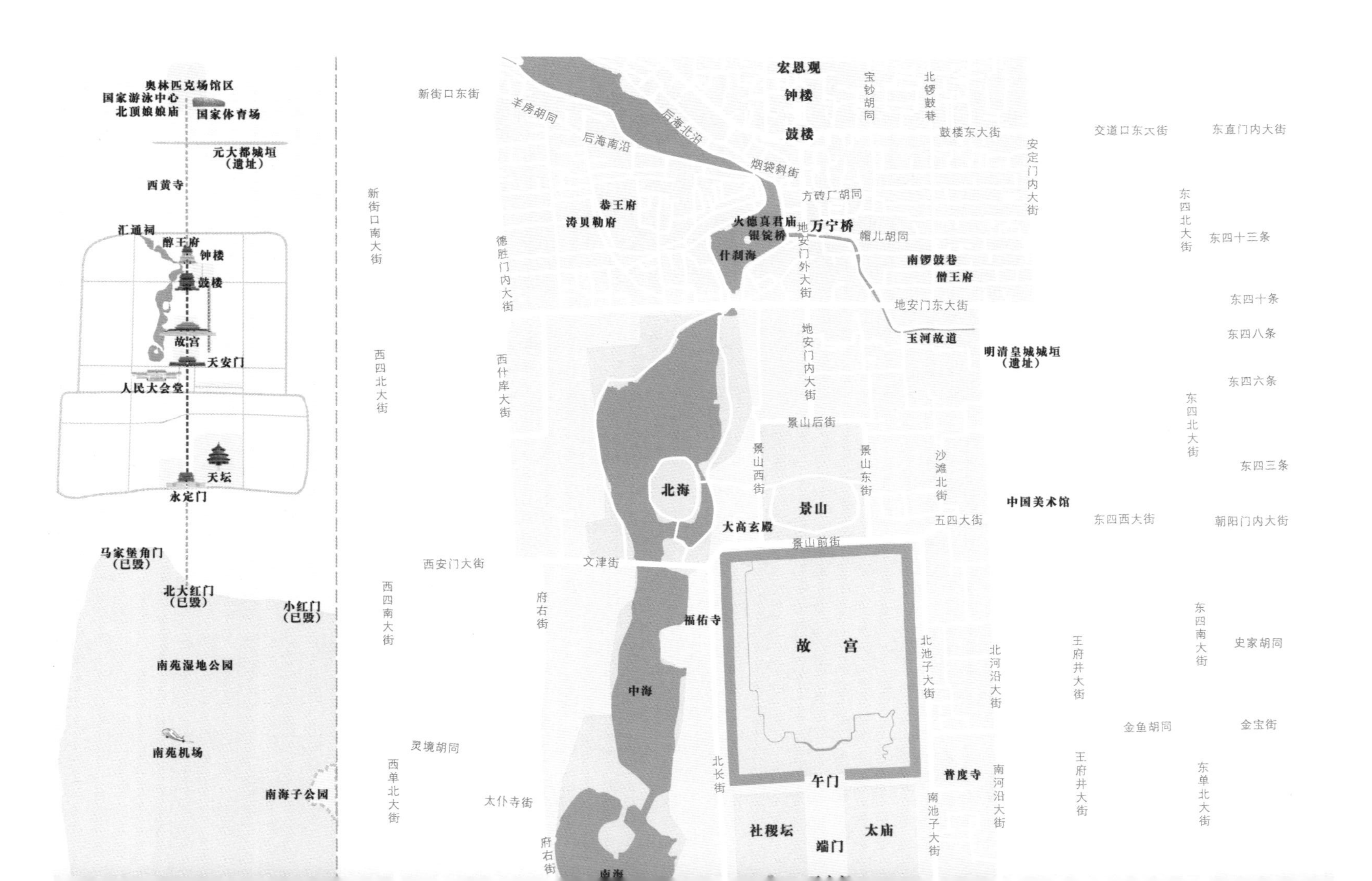
奥林匹克场馆区
国家游泳中心
北顶娘娘庙
国家体育场
元大都城垣
（遗址）
西黄寺
汇通祠
醇王府
钟楼
鼓楼
故宫
天安门
人民大会堂
天坛
永定门
马家堡角门
（已毁）
北大红门
（已毁）
小红门
（已毁）
南苑湿地公园
南苑机场
南海子公园
新街口东街
新街口南大街
西四北大街
西安门大街
西四南大街
灵境胡同
西单北大街
太仆寺街
羊房胡同
后海南沿
后海北沿
宏恩观
钟楼
鼓楼
宝钞胡同
北锣鼓巷
鼓楼东大街
烟袋斜街
方砖厂胡同
恭王府
涛贝勒府
火德真君庙
银锭桥
什刹海
地安门外大街
万宁桥
帽儿胡同
南锣鼓巷
僧王府
地安门东大街
玉河故道
明清皇城城垣
（遗址）
德胜门内大街
西什库大街
地安门内大街
景山后街
景山西街
景山东街
北海
景山
大高玄殿
景山前街
沙滩北街
五四大街
中国美术馆
文津街
府右街
福佑寺
中海
故宫
北池子大街
北河沿大街
北长街
午门
社稷坛
端门
太庙
普度寺
南河沿大街
南池子大街
南海
安定门内大街
交道口东大街
东直门内大街
东四北大街
东四十三条
东四十条
东四八条
东四六条
东四三条
东四西大街
朝阳门内大街
王府井大街
东四南大街
史家胡同
金鱼胡同
金宝街
东单北大街

西绒线胡同
东绒线胡同
东交民巷
圣弥厄尔天主堂
东交民巷
宣武门内大街
北新华街
西交民巷
正阳门
前门东大街
崇文门西大街
崇文门东大街
宣武门东大街
前门西大街
正乙祠戏楼
煤市街
宣武门外大街
前门大街
大栅栏
鲜鱼口街
祈年大街
崇文门外大街
杨梅竹斜街
颜料会馆
南新华街
琉璃厂东街
前门商业区
赛金花故居
珠市口东大街
广渠门内大街
八大胡同
北京基督教会珠市口堂
磁器口大街
广安门内大街
骡马市大街
珠市口西大街
前门大街
天坛路
天坛路
法华寺街
菜市口大街
虎坊路
天桥
天桥商业区
中轴线南段道路遗存
南横西街
南横东街
北纬路
天桥剧场
四面钟
天坛
黑窑厂街
白纸坊东街
陶然亭路
北京大兴国际机场
先农坛
天坛东路
菜市口大街
北
永定门东街
左安门西街
永定门西街
永定门
南二环
永定门西街
南二环
南二环
燕墩

序

2024年7月27日，联合国教科文组织第46届世界遗产大会通过决议，将“北京中轴线——中国理想都城秩序的杰作”正式被列入《世界遗产名录》。这条全长7.8公里，始建于13世纪的中轴线，凭什么成为世界遗产？

北京中轴线，不仅是一条地理意义上的城市中心线，还是一个历经了元、明、清形成的建筑群，是中华文明延续至今的独特见证。历经700余年，它是北京的灵魂和脊梁、独有的壮美秩序，也是北京人生活中不可或缺的文化、物质载体。在这条轴线上，你可以在古老神圣的故宫中畅想波诡云谲的宫闱秘事，在悠扬的桨声灯影里品味什刹海妙趣横生的日与夜，在前门大栅栏大快朵颐独具特色的“京味”美食，也可以在梵音袅袅的古刹中俯首献上虔诚的香火和愿望……

为了保护和发扬传统文化，我国政府将中轴线从北端钟鼓楼经故宫天安门，南端到永定门的15个遗产点打包申请世界文化遗产。但中轴线文化博大精深，涵盖建筑布局、地方风俗、饮食娱乐、风景文化等多个历史人文范畴，却不止打包的15个遗产点。

按照《北京中轴线保护管理规划（2022年—2035年）》对中轴线保护区域的设定，除了有承载遗产价值、总面积约5.9平方公里的遗产区，还有和周边与中轴线形成和发展联系紧密、约45.4平方公里的缓冲区。与遗产区相比，缓冲区面积更为广阔，涵盖的人文历史价值同样丰富。目前市场上中轴线相关的书籍中，大多集中于阐述遗产区，对于缓冲区的介绍较少，至于中轴南北延长线上的其他人文景观和自然风物则更为寥寥。

为了让读者更为全面地了解中轴线这一伟大的文明标志，本书内容上突破了申报世界遗产的“7.8公里、15处遗产点”限制，向南延伸到大兴国际机场，向北飞跃至内蒙古草原上神秘的世界文化遗产元上都，向上则追溯到遥远的殷商之交……从北京中轴线上的历史建筑、人和事、风景风貌三个角度进行介绍，探索背后的人文内涵，读者在书本中理解中轴线背景和历史脉络，在此后的实地漫步中更容易产生心灵共鸣。

当我们行走在中轴线上时，一系列宏大壮观的建筑物让人目不暇接。这里汇集了自金朝、经元朝、明清持续开发、近代改造增建的多种建筑风格，八百年间形成了皇宫城门、王府宅院、坛庙郊祭、现当代建筑一系列金碧辉煌的建筑群。在悠久的岁月中，它们经历了风霜洗礼，最终走向不同的结局，体现了历史的发展过程和社会制度的变革。

同样让人心驰神往的是有关的人物和人文。中轴线纵贯七百余年，多少扣人心弦的历史事件在这里发生，来往和定居的达官贵人和平民百姓数不胜数，有深藏不露的阴谋诡计，有荡气回肠的英雄故事，也有家长里短和儿女情长。走入近代以来，随着南北中外交通的便捷，各色文化荟萃于此，形成了兼具京城气象和中轴线特色的人文风貌。

中轴线上的湖光山色、亭台水榭也体现了别具一格的设计思路和哲学伦理。中国人讲究天人合一、道法自然，提倡合理利用大自然赐予的山川湖泊，将其融为传统园林的血液和骨骼。中轴线上的前三海、后三海、南郊的南海子苑囿都是对自然改造的大成之作。值得一提的是千里之外远在北方草原的元上都，竟恰在北京中轴线的延长线上，古人的科学素养和施工技艺时至今日仍让人赞不绝口。

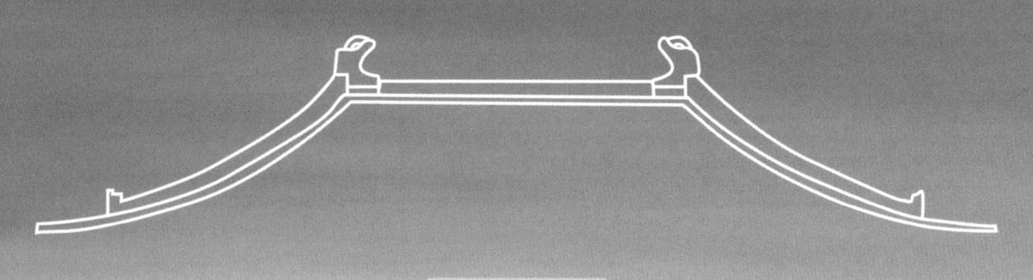

第一章

看美学至臻，中轴线上的建筑群

01

千年一脉的文化，中轴线的诞生

每年仲春时节，古都洛阳的王城公园人流汹涌，近百万来自全国各地的游客汇聚于此，只为一睹公园内盛开的牡丹花之芳容。这座美轮美奂的公园厚重的泥土层下，沉睡着东周王城庞大神秘的遗址，但鲜为人知的是，这座隐没的王城居然与北京中轴线有着千丝万缕的联系，甚至可以说是后者建设的参考和模板。空间相隔千里之外，时间跨越两千余载，历史与文明是如何在两座城市间传承的呢？

周公营洛邑，开中轴建城之滥觞

“中国”这两个字是什么时候有的？1963 年，陕西宝鸡出土的何尊上的 12 行 122 字铭文，记录着周成王五年（公元前 1038 年）迁都洛邑一事，其中有一句“余其宅兹中国”，大意是“我要住在天下的中央地区”，是“中国”这个词的最早记载。这座铜尊收藏于宝鸡青铜器博物院，是我国禁止出国展览的国宝之一，也是早期中轴线理念的见证者。

话说周武王灭商后，返回国都镐京，留下三个兄弟管叔、蔡叔、霍叔在商都故地监视商朝遗民，称为“三监”。不久武王因积劳成疾驾崩，三人竟联合纣王的儿子武庚和商

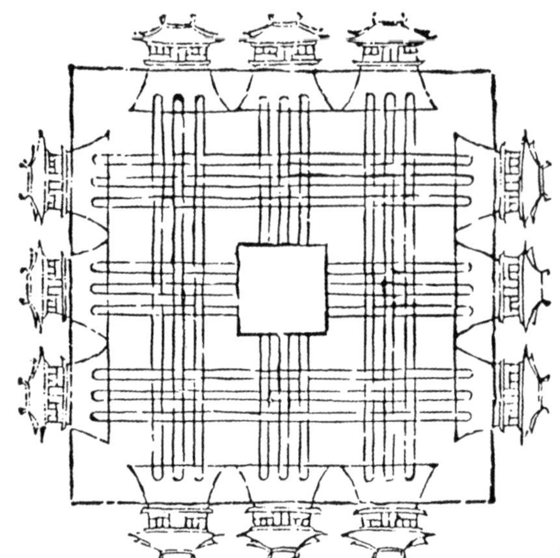

◀《周礼·考工记》中的王城平面图

朝遗民，共同举兵反叛。武王的弟弟周公率兵东征，平定了三监之乱，对商朝残余势力进行了残酷的镇压。战事平息后，周公考虑，周朝的权力中心偏处西陲，对于中原一带的变故响应迟缓，应该在华夏文明之中心另建一个稳固长久的东都。经过一番考察和向天占卜，周公选择了古代九州中心的豫州，在黄河、伊水、洛水交夹的一块盆地中营建新都城，并命名为“洛邑”，也称王城、成周，这是著名古都洛阳之伊始。

周公在营建洛邑时，制定了具体的建造规范。根据《周礼·考工记》的记载，这座城池“方九里，旁三门。国中九经九纬，经涂九轨，左祖右社，面朝后市，市朝一夫”。大意是这座都城九里见方（一周里约合 450 米），每边城墙设三座城门。城中有南北、东西大道各九条，每条大道可容九辆马车并行。王宫左边是宗庙，右边是社稷坛；王宫前面是上朝的场所，后面是市场；朝廷和市场各百步见方。

▲ 何尊

洛邑的选址和营造，实现了统治者“居中国而制天下”的政治理念：都城居天下之正中，王宫居都城之正中，一条宽阔大道直通禁苑，雄壮的庙宇祭坛分列左右，可谓威严尽显。这是我国有据可查最早居中建城的实例，体现了权利的高贵、等级的森严、礼制的神圣和视觉的震撼，为后世都城建设以中轴线为核心之思想滥觞。

完颜亮的野望与金中都的诞生

今日的西二环南段车水马龙，著名的菜户营桥一带车行复杂，时不时

▲ 北京金中都公园

便堵个水泄不通。车辆在拥堵的公路上龟步挪动时，百无聊赖的司机们大都随意四处张望以排解烦闷。不少人都会注意到，紧贴环路东边的一片狭长地带中，见缝插针建起了几幢仿古建筑，草地上还搬来了一群装束怪异的石人，细看竟是“金中都遗址公园”。真想不到，这二环路下掩埋的竟是金中都中轴线的旧址！

公元1151年，完颜亮在今北京西南二环一带开始兴建新都城为了彪炳金朝为中华正统，完颜亮派人依照《周礼》《诗经》等的儒家标准，对中都进行了建造。都城大体在今日西城区和丰台区交界处，呈边长4500—5000米的正方形，东、西、南三面城墙开三门，北面开四门，基本符合《周礼》“方九里，旁三门”的要求。

中轴线上建有皇城（主要是行政机构、离宫宫苑和皇室后勤部门），皇城内又有供皇室成员行政、起居的宫城，前后共有九道城门，被称作“九重宫阙”。皇城南门宣阳门端坐中轴线上，东西两侧各有两排连绵二百多间的办公用廊房，称为“千步廊”。千步廊西廊设社稷坛，东廊旁建有祭祀祖先的太庙，符合“左祖右社”的规制。

皇城西部开挖了一方湖泊作为灵沼，称为“太液池”。湖中堆假山为灵台，园林赐名“同乐园”。太液池和同乐园的建造，被此后的朝代所借鉴，成就了著名的北海和中南海。

建造完中都后，完颜亮于公元1161年挥师百万南下，妄图一举荡平南宋小朝廷。可惜他武运不佳，在长江采石矶败给了一介书生虞允文，没能实现立马吴山的宏愿，但这座富丽堂皇的金中都保留了下来。

金中都大兴府建成仅60年便惨遭兵燹，毁于蒙古军队的铁蹄之下。时至今日这座壮丽的都城除了水门、宫殿遗址和太液池残基，难觅更多踪迹，就连“大兴”这个名字也辗转丢给了南边的郊区。但它的“外城—皇城—宫城”三重设计思路、井然有序的中轴布局、引入水系建造离宫别苑的方式，影响了此后的元明清三代的都城建设。

▲ 金中都城墙外侧增筑有加强防守功能的圆角梯形的马面遗迹，西城墙外侧有护城河

刘秉忠建造
元大都

每到清明时节，京城北部的元大都城垣遗址公园都会涌入潮水般的游人，只为一睹胜景“海棠花溪”。这个春日奇景仅持续短短两周左右，其时园内土城河两岸的海棠花竞相绽放，摇落的花瓣如雪片般飞入河中，覆盖住整个河面，上下一片胭脂绯红。赏花游客抬头四望，还能发现沿着河边另有一道绵长残败的土丘，这便是不可一世的元帝国都城仅存的孑遗。

时间轮回不息，王朝兴衰更替，蒙古帝国相继灭亡西夏（1038—1227年）、金国（1115—1234年）和南宋（1127—1279年）后，终于在1276年由元世祖忽必烈将分裂了几百年的华夏大地重新统一成一个国家。这时他

▲ 壮丽的金中都仅存的水门遗址，是北京建都伊始的孤独见证者

在草原的都城元上都（今内蒙古自治区锡林郭勒盟正蓝旗）自然显得偏居一隅，坝上朔风凛冽、黄沙漫天，中原的丰富物产调运过来也颇费周折。经过一番计议，他听从了汉人谋士的建议，把都城迁移到原来的金中都，易名为元大都。

至元四年（1267 年），忽必烈任命曾经修建过上都的刘秉忠主持修建元大都。后者先去考察了金中都，结果大失所望，这座奢华的都城已被摧残得满目疮痍，九重宫阙和官署公廨化作一片瓦砾场。作为出色的城市规划官员，刘秉忠敏锐地意识到，拆迁老城不如另建新城。

在金中都东北有一大片湖泊，本是金朝帝王的离宫太宁宫，全部被刘秉忠纳入新都城之内。这片湖泊就是今日积水潭到中南海一串水系的前身。刘秉忠首先给皇宫找了个绝佳位置——湖泊的东侧，非常便于皇室成员出

▲ 著名的“海棠花溪”便在元大都北城垣旧址旁

游踏青，算是人居结合的典范。

有了皇宫，纵贯皇宫的全城中轴线也就有了。刘秉忠随即在皇宫北面，沿中轴线确定了都城的几个中心点，设计建造“中心之阁”。中心之阁西侧建造鼓楼一座，楼下面设计为商业街，符合《周礼》皇宫要“面朝后市”，北面不远建钟楼一座，晨钟暮鼓好不热闹。两楼今已不存，但这种钟鼓楼相对的规制后来为明清两代皇朝沿用。

皇宫外扩一圈是为皇城，住着其他皇室成员。皇城面积也不小，将偌大一个“海子”的南半部分纳入城中当作皇家花园，称为“太液池”。其范围包括今日的北海和中海，著名的燕京八景之一“太液晴波”说的就是这里。太液池中有琼华岛，今日以其上的喇嘛式白塔闻名，是八景中的另一景“琼岛春阴”。海子的北半部分仍用旧名，但筑堤坝与太液池完全隔离。

▲ 元大都城垣遗址公园内的大都设计者刘秉忠塑像和平面图

最初的皇城并没有建造墙体，靠卫兵值守，不料总有“刁民”避开哨兵私闯禁地。于是元成宗时期建起了一堵高墙解决了这个隐患，名副其实的“皇城”才最终形成。

从周人于伊洛二水间的原野上规划出史无前例的洛邑王城，到元朝于燕山脚下建造起雄伟壮丽的元大都，我们的民族跨越了两千多年的风雨，将中轴线这一理念传递继承，对其内涵加以扩展丰富，终于诞生了北京中轴线这一伟大建筑群。

02

巨人的背影，中轴楼阙的变迁

今天的北京中轴线，北起钟楼，南至永定门，全长7.8公里。坐落在这数公里中的，不仅有宏伟庞大的古代建筑群，也有风格各异的近现代建筑，说北京中轴线是一座人类建筑的博物馆也丝毫不为过。元朝灭亡后，大都内的建筑群遭到严重破坏，今日中轴线上的历史建筑多为明清两代所建。

永定门与燕墩

距离永定门约400米的永外大街路西，有一高约9米，上窄下阔，平面为正方形，四边各长约15米的砖石墩台，与明长城的烽火台颇为神似，这便是“燕墩”。台顶四周原有高约1米的女墙，现已损毁。

明清时期，永定门是出入南城的交通要道。清政府对此格外重视，在永定门外布置了72座营盘，因此有“永定门外七十一营一挡”之说，其中“一挡”便指燕墩，是人们心中抵御外部侵犯的一道坚强有力的屏障。燕墩于元代初造之时，只是夯土堆就，位于元大都丽正门外。明嘉靖年间修筑京师外城之时，才用砖石将其包砌。如今的燕墩外观，基本形成于清乾隆年间。

◀ 永定门公园里的银杏小道和枫树林成为京城赏秋的佳地

▲ 永定门与北京奥林匹克塔同框，一辆复兴号列车正经过永定门

▲ 燕墩现存为一座平面呈正方形的墩台，上有乾隆皇帝御制《帝都篇》《皇都篇》石碑

后来，随着清王朝的衰落，燕墩也逐渐埋没在了历史长河中。20 世纪 60 年代，北京市政府对燕墩周围进行了治理，清除经年累积的垃圾并拆除了部分棚户，对燕墩的保护起到了重要作用。

北京城最早的南大门不是永定门，而是正阳门。在明朝立国之初，京师并无外城，城墙之外能够聚集起人气的，多在正阳门、崇文门、宣武门为一线的前三门一带。直到嘉靖二十九年（1550 年），蒙古鞑靼集团俺答汗率军攻破古北口，兵临北京城下，爆发了震惊朝野的“庚戌事变”。明朝廷勉强挺住危机，但前三门外关厢地区和天坛、先农坛等皇家祭祀之地的保护不得不被提上日程，北京外城的修筑自然水到渠成，永定门亦诞生于此。在此后的四百年间，永定门的外观并无太大变化，只是乾隆年间又重建了瓮城并增加了箭楼。

1950 年冬，永定门的瓮城率先被拆除。1957 年，因影响交通和年久失修已成危楼，永定门城楼、箭楼等被拆除。

2004 年，永定门城楼重建。围绕重建所引发的争议并不亚于当年的拆除。在很多人看来，重建一个“假古董”似乎没有什么必要。但更多人支持它的积极意义，即恢复传统中轴线最南端的标志性建筑，使古老中轴线重新具备完整性。当永定门重新拔地而起时，燕墩周围的环境也再次得到了整治，不远处的燕墩与之隔南护城河而相望，共同组成了北京城南一道亮丽的风景线。

前门楼子的
前世今生

正阳门位于北京内城九门南垣正中，取“圣主当阳，日至中天，万国瞻仰”之意，是名副其实的“国门”。正阳门在明正统四年（1439 年）以前称“丽正门”，是明清两代北京内城的正南门，位于紫禁城和皇城的正前方，被老百姓俗称为“前门”“大前门”或“前门楼子”。

从永定门进入外城，沿着中轴线向北，其间穿过天桥，行约五里便来到前门地区，此处当属老北京最热闹的地界儿。前门大街自明朝扩建外城，将前门外关厢地区囊括进来后，逐渐也变成了寸土寸金之地，南来北往之客，贩夫走卒之人，游人如梭，商贾云集。

前门大街是现在的叫法，明、清至民国时期，皆称正阳门大街，此街正是得名于坐落于此的城门——正阳门。位列九门之首的正阳门在后期已拥有北京内外城最雄伟的城楼、箭楼和瓮城，城楼高 43.65 米，箭楼高 35.37 米，城楼甚至比皇城的天安门还要高出 9 米，然而它在兴建之初却并非如此。永乐十八年（1420 年），踌躇满志的永乐帝完成了新都城垣的营建。只不过，他所修建的北京城垣，很多是在元代旧有城墙基础上加固的，既不完备，也非固若金汤。永乐帝的北京城将元大都的南城垣又向南移动

▲ 北京正阳门

▲ 修缮后的箭楼

了约二里地（1 公里），此时的正阳门不过是有着低矮的城楼、元式小砖砌筑外墙及夯土内墙的“简易之作”，并沿用了元代“丽正门”的称呼。

十余年后，明英宗进行自永乐帝迁都北京后最大规模的内城建设。此番建设之后，正阳门拥有了箭楼、瓮城和闸楼，名称也由“丽正门”更名为“正阳门”。

自明正统初年至清朝末年的近五百年间，正阳门曾多次因兵燹或失火遭到不同程度的破坏，也经历了多次的重建和修缮。民国四年（1915 年），为改善内、外城交通，民国政府委托德国建筑师对正阳门进行改造，拆除了瓮城与闸楼，于箭楼北侧增加弧状月台与楼梯，并在外墙饰以三重垂幔式水泥浮雕，加设月台护栏、箭窗弧形楣饰，箭楼的月墙断面增添西洋图案纹饰，而拆除的瓮城东西月墙与内城城墙的连接点处，分别开辟出两个新的城门。

从千步廊到紫禁城

今天的天安门广场毛主席纪念堂一带，曾屹立着一座城门，在明清两代分别叫作“大明门”和“大清门”，民国时候又改作“中华门”，从此门进入，往北便是皇家禁地。明朝时，从大明门一路向北，经由一条石板铺就的御道，穿过一个东西宽约 50 米、南北长约 800 米的狭长型广场，其北侧左右各有东西向廊房 110 间，又东、西折有向北廊房各 34 间，东接长安左门，西接长安右门，这便是“明承元制”所修建的千步廊。

千步廊是中央政府各部门的办公之地，呈“文东武西”的格局，文官在东千步廊，武官在西千步廊。至清代，作为清王朝入关后的第一位皇帝

▲ 千步廊老照片

顺治帝改大明门为大清门，对千步廊的部门设置也做了较大调整，但依然没有改变其办公之地的属性。民国后，大清门改作中华门，长安左右门改作东西长安门，并一改明清两代禁止普通百姓进入的旧规，将上述三门尽行开放，后又于东西廊中间各开一门，东对户部街，西对四眼井街，均可往来。

向北通过外金水桥，来到天安门跟前。可以说，金水桥是北京最“抗造”的桥，与北京那些大量消失的古桥不同，金水桥自始至终几乎没有任何改变，在清顺治八年（1651 年）那次修复之后再无大修。金水河南北两岸，

▲ 天安门前的华表

东西两侧各有一对敦实、厚重又雕刻精美的石狮子。这两对石狮怒目圆瞪、威风凛凛，守护着天安门前的御道。上前近看，金水河北岸、金水桥西侧的那座石狮，前胸有一道明显的伤痕，相传是当年李自成打进北京，从承天门经过时一枪扎出来的。

天安门是皇城的正门，但它是后来“搬家”过来的。在建造之初，天安门既不在现在的位置，也非现在之名。明永乐十八年（1420 年）建成的承天门是天安门的前身，位于现在天安门北侧不远处，后遭雷火焚毁。明

▲ 暮光中的角楼宁静肃穆，历史与现代在这一刻交错

成化元年（1465 年），工部尚书白圭在如今天安门的位置主持重建了一座承天门。承天门经历了明末农民起义、清末“庚子国变”等浩劫，几经损毁和重修。其间，在顺治八年（1651 年）的那次重建之后，承天门更名“天安门”。

天安门前有一对华表，于永乐年间与承天门一起落成。华表柱身飞龙盘绕，柱顶犼兽盘蹲。位于天安门前的华表和紫禁城的角楼看似没有联系，却曾是一体的，华表是角楼之上的一个零件。在中国古代的城防制度中，

▲ 夜幕灯火下的午门像一个沉默的巨人，神秘而伟岸

角楼是防御系统里的重要环节，华表则建立在角楼之上，在有敌来犯时缀旗形物以示警。这种制度自殷商至两周，再至秦汉，逐渐发展成熟并发挥了巨大作用。在后来的皇城修建中，因城垣周长较小，若敌寇已入侵至皇城，已不再需要华表示警了，于是华表不再修建于角楼之上，而被移到了城门前。

1949 年，天安门被赋予了全新的含义，成为中华人民共和国的象征。1969—1970 年，为彻底消除天安门城楼几百年来积累的种种安全隐患，天安门实施重建。此次重建保留了原有形制，通高增加了 83 厘米，内部改造成能够适应举行重大活动的格局。

进入天安门，穿过端门、午门，便已经进入到了紫禁城——这座位于北京中轴线最核心的位置，也是世界上现存规模最大的皇家宫殿建筑群。从明永乐十八年（1420年）至清宣统三年（1911年）的近五百年间，这里一直扮演着全国政治中心的角色。从明永乐帝朱棣到清末代皇帝溥仪，明、清两代曾一共有24位皇帝在这里居住过。

明代北京的紫禁城，从宫门的设置到宫殿的布局都近乎照搬当时南京的皇宫，但区别在于，北京的紫禁城修建得更加宏伟。然而，自明初建成以来，紫禁城的前朝三大殿，尤其是最重要的太和殿（明代为奉天殿），长期处于被焚毁又重建的过程当中。

明清的皇宫比起汉唐时期，单从面积来看要小得多，但其用料的考究、富丽堂皇的程度却远超前代。单就屋顶的琉璃瓦而言，元代及以前只是在主要的宫殿使用琉璃瓦，而明代的紫禁城，所有宫殿都覆盖了金黄的琉璃瓦，从景山俯望而去，起伏错落的金色屋顶在阳光下熠熠生辉、璀璨夺目。

辛亥革命后，北京皇宫改称北京故宫。此前，故宫一直是明、清两代的皇家私产，普通人很难有机会一睹禁宫之内的风貌。1925年，民国政府在前朝两代皇宫及其收藏的基础上，建立了“故宫博物院”，使之成为一座大型的综合性博物馆。历经六百年的荣辱兴衰，紫禁城这座帝王宫殿的大门终于向普通人敞开。

景山肃肃，钟鼓相闻

作为中轴线C位的景山是俯瞰北京的最佳机位。从神武门北出故宫，

▲ 北京故宫博物院

院

这座小山赫然在目，山顶上一座四角攒尖式的万春位亭居正中。景山并不算高大，高度只有45.7米，甚至只能算是个“土坡”，但在北京一座座现代化高楼拔地而起之前，它一直是京师的制高点，可以看到“朕为你打下的江山”。

南依故宫、西临北海、北与鼓楼遥相呼应的景山，是明、清两代的御苑。景山的历史可以追溯到金大定十九年（1179年），金章宗在此地南侧建太宁宫，并凿西华潭（今北海），将堆成的小丘建为皇家苑囿，当时称为“北苑”。至元代，土丘一带正处大都城中心，皇宫的核心建筑延春阁之北，被辟为专供皇帝游赏的“后苑”，时称“青山”或“镇山”。到了明代永乐年间，明成祖朱棣在北京大规模营建城池、宫殿和园林，在被毁坏的延春阁基础上，将挖掘紫禁城筒子河和太液池南海的泥土堆积在“青山”，形成这座五峰并峙的小山，遂改名“万岁山”。这座山不仅成了紫禁城北部的屏障，还承载着皇家登高望远、赏花饮宴、射箭习礼等多重功能。然而，“万岁”的寓意并未能庇佑大明千秋万代，甚至末代皇帝崇祯竟自缢在万岁山的一株老槐树上，大明王朝在此画下句号。及至清顺治年间，“万岁山”更名为“景山”，并在乾隆年间进行了大规模的扩建和修缮。

明代在万岁山上建的六座亭子毁于清初。乾隆十六年（1751年），乾隆帝命人在景山五座山峰上分别建起了五座亭子，其中居主峰的万春亭最为高大，亭高17.4米，四角攒尖顶，三重檐，黄琉璃瓦绿剪边，内外两圈共有32根柱子，气势颇为宏伟。万春亭左右分别为观妙亭和周赏亭、辑芳亭和富览亭，五座观景亭左右对称，一字排开，与中轴线横竖相交，瑰丽奇绝，被誉为“京华揽胜第一处”。

如今，景山公园为人所称道的，除了人文和建筑，还有那遍植园内的古木名花，其中尤以牡丹为甚。公园现有国内外牡丹品种500余种，涵盖

▲ 万春亭与中国尊，古典与现代交相辉映

了九大色系、十大花型。每到春暖花开时节，景山公园便成了大型赏花现场。

抵达鼓楼之前，本要先经过地安门。由于北京内城在中轴线上并无城门设置，因此，本属皇城北门的地安门便成了中轴线上最北的城门。地安门与南边的天安门遥相呼应，帝王北上出征时便由此门而出。地安门外，东有南锣鼓巷，西有什刹海，这一带多王府巨宅，更有诸多达官显贵居住于此。但是在 1954 年，地安门因城市交通建设而被拆除。如今，一个宽阔的十字路口坐落在这里，而四向的地安门内、外大街和地安门东、西大街如坐标一般向世人展示着地安门曾经的所在。

地安门外大街的北头是鼓楼，通高 46.7 米，再向北百余米是钟楼，通高 47.9 米。钟鼓二楼南北纵置，气势恢宏。作为元、明、清三代国都的

▲ 景山北望，中轴线上奥林匹克塔、钟鼓楼与寿皇殿由远及近

报时建筑与装置，不论规模和形制，全国无能出其右者。元时，大都的钟鼓楼并不在现在的位置，而是更加靠西，约莫在今天旧鼓楼大街一线。明永乐朝的建设者们彻底放弃了元大都的钟鼓楼，并将新建筑放在了中轴线上，这也奠定了中国古代城市建设的一个新规，即钟鼓楼应居于城市之中轴，此后，其他城市的钟鼓楼设置，也基本效仿此法。

永乐朝重修的钟鼓楼，是木结构的抬梁式建筑，建成后不久便毁于大火。清乾隆年间重修钟楼时，全部改用砖石结构。我们今天看到的钟鼓楼，都是乾隆年间重修、重建的。

钟楼上面悬挂着的，是铸造于永乐年间的巨大铜钟，重达 63 吨。敲击时发出的声音如雷鸣般震耳，绵延十里不绝。清末明初，随着钟表的传入，钟鼓楼逐渐失去了为北京报时的作用，尽管如此，钟鼓楼依然坚持着“击鼓定更，撞钟报时”。直到 1924 年，清朝最后一位皇帝溥仪黯然离开紫禁城，才随之彻底废止。

▶ 鼓楼与地安门外大街

民谣歌手赵雷《鼓楼》中的107路公交车从鼓楼东大街驶来，“the next stop is地安门外”，车窗外拥挤着摆出姿势与电车合影的游客。而鼓楼静静矗立于斯，俯瞰着脚下这每天重复上演的一切。

▼ 鼓楼胖，钟楼瘦。它们代表着老北京人生活的节奏和韵律，诉说着过往的故事

03

昔年唱断黄金缕，凭吊王府的黄昏

北京中轴线如同一条金丝带，串联起琳琅满目的文化瑰宝，其中最为夺目的自然是神秘的紫禁城，其次当属环绕于周围的各家王府了。说到这儿，大家最先想到的恐怕是闻名遐迩的“王府井”商业街了，它所在的位置就是明朝的“十王府”，遗憾的是，这个地名已是京城内明王府仅存的孑遗了。如今我们能够一探究竟的，只有清朝的王府了。这些深宅大院中发生过哪些传奇和往事？贵族们穷奢极欲的生活戛然而止后，它们迎来了怎样迥异的结局？

森严的等级与规制

封建时代，只有臣民被分为三六九等吗？其实，处于等级金字塔顶端的王府亦不例外。亲王府和郡王府的建制大有不同。清代王府建筑品级高、规模大，一般由中、东、西三路组成。中轴线上有府门、正殿、后殿、后楼等。东西两路没有一定之规，可根据占地面积自由配置，一般每路各有四至七进院落，在住宅后面或侧面附有花园，有的还有马号和家庙。

亲王府制为正门5间，正殿7间称“银安殿”，殿内设屏风和宝座。两侧厢房一般是7间，屋顶覆盖绿琉璃瓦。正殿脊安吻兽、压脊7种，门钉9纵7横63枚。郡王府规格略低一些，为正门5间，正殿、厢房5间，压脊5种，门钉49枚，总之各方面都比亲王府减少。名称上也和我们普遍的认知不同，清朝只有满蒙王公的居所可以称“某某府”，其他大臣只能称“宅”、“第”。如果像影视剧里的和珅那样，大门上堂而皇之高悬“和府”，那和大人八个脑袋都不够砍的。

王府属于皇产，由内务府统一管理，一旦撤爵或是降爵，就会被收回。清代诸王有世袭罔替和世袭递降两种，世袭罔替俗称“铁帽子王”，子子孙孙只要不犯政治错误就都是王爷。世袭递降者子孙袭爵时，爵位要降一档，当掉出亲王、郡王级别时，需另择别府居住。如果府中出了皇帝，王府就成为“潜龙邸”，要改建成宫殿，不能再居住。

同是王爷，蒙古亲王的“年薪”比宗室王爷要少得多。蒙王的“年薪”约每年2000两银子，宗室亲王则高达10000两。爱新觉罗家族的宗室王府和蒙古王府在建筑等级上虽别无二致，但收入的迥异让蒙古王府在府邸投入上受到限制。不过，蒙古王爷多在草原有自己的领地，拿皮毛、毛毯等土特产品对府邸进行装饰，也体现了别样的风格。蒙古王府名字一般用其俗称，随着现任主人名字而变，如僧格林沁的“博多勒噶台亲王府”就被俗称为“僧王府”，等到他曾孙阿穆尔灵圭继王位后，又被改称“阿王府”。

睿王府：
“铁帽子王”家的沉浮往事

皇城之内是权力游戏的核心牌桌，能将王府建在皇城内的，一定是权势滔天之人。清朝首开先例的王爷是当朝第一位摄政王、太祖之子、太宗之弟、新皇之假父、山海关之战的胜利者、定鼎中原的总指挥、“新发型运

▲ 内蒙古阿拉善左旗定远营，始建于清雍正年间，曾经是阿拉善王爷的王府所在地

动”的总设计师——和硕睿亲王多尔衮。多尔衮在兄长皇太极驾崩后以摄政王身份辅佐小侄子顺治皇帝，期间他大权独揽，排斥异己，秽乱后宫，与嫂子孝庄太后勾勾搭搭，小皇帝和大臣们敢怒不敢言。

紫禁城东边恰好有个现成的宫殿可供使用，那是当年明英宗“北狩”被俘、羁留蒙古一年后被囚禁八年之久的“南宫”。英宗也是个脑回路清奇之人，后来他通过“夺门之变”复辟，对这里进行了大规模扩建，之后一直空置。多尔衮便将这座皇宫改为睿亲王府。

睿亲王府规模宏大，宫殿楼台沿用明代皇家的离宫别苑残余，不消说，满是僭越之处。大殿建在一丈多高平台上，面阔九间，前凸出抱厦三间；屋顶为绿色琉璃瓦，但四周用皇家专用的黄色琉璃瓦镶了一圈，雕梁枋头全用五爪金龙图画装饰；里面还摆着办公用的龙椅龙床，吃穿用度也都甚于皇宫。站在正殿的台基上，能看到紫禁城的东华门，若是禁中有事，拍马便

▲ 清代京城最早的“潜龙邸”是康熙皇帝的“福佑寺”

能疾速入宫平定。

多尔衮居住时，王府门前参拜者如过江之鲫。他要挟顺治孤儿寡母封他为“叔父摄政王”，后又改为“皇父摄政王”，甚至把玉玺也收在府中便于僭用。没想到顺治七年，多尔衮在古北口行猎，突发头痛摔下马来，这一摔竟撒手人寰，年仅 38 岁。他一死，大臣们纷纷揭发他的不臣之心，顺治皇帝顺水推舟给他定了谋逆之罪，削去爵位开棺戮尸，僭越的王府也被充作库房。

康熙年间，睿亲王府的核心部分改建成供奉“大黑天神”的玛哈噶喇庙，乾隆时更名“普度寺”。中华人民共和国成立后，王府被改为小学和民居大杂院，历经几十年已面目全非。2003 年，政府迁出小学和部分居民，对不多的遗存进行了修复。今日的王府仅存山门殿和正殿，正殿比较有特点，

▲ 普度寺由多尔衮的王府改造而来，王霸之气扑面而来

楼体前面凸出一个三间小殿，称为“抱厦式”建筑。殿前平坦的广场成为附近百姓打拳跳舞的佳所，旁有一尊多尔衮的半身塑像，表情阴鸷诡异。

睿亲王府北面曾经有一座“英亲王府”，和前者同为有清一代唯二建在皇城内的王府。它的主人是多尔衮的亲哥哥，英亲王阿济格。多尔衮死后，他野心勃勃准备发动兵变，却被与他早有积怨的郑亲王济尔哈朗率先发难。几个月后，皇帝下令将其赐死，英亲王府也一并收回，充作光禄寺。现在的王府改建为北京市第二十七中学，昔日风光再难寻觅。

▲ 普度寺山门正面的白石雕仿木菱花扇拱窗

▲ 睿亲王府建在一丈多高的平台上，能一眼望到皇宫东门

恭王府：惊似红楼梦中来

什刹海西侧的恭王府，早先是“满清第一美男子”和珅的百亿豪宅，府里 40 根金丝楠木柱子价值 47 亿。

果然这片宅邸早被人盯上了，那人便是嘉庆的弟弟庆亲王永璘。乾隆晚年，诸位皇子争夺储位，唯有永璘大大方方退出竞争，只求赐予和珅的宅子。处死和珅以后，嘉庆便把住宅的一大半赐给了永璘，改为“庆王府”，只剩一小部分留给和孝公主和额驸丰绅殷德继续居住。

道光年间，庆亲王的孙子降级袭爵，失去王爷的身份，依规迁往他邸。咸丰二年（1852 年），恭亲王奕訢奉旨迁入，王府更名为现今的“恭王府”。恭王居住期间，在原有府邸北面营建了著名的“恭王府花园”，形成了今日“王府 + 花园”的格局。

王府宅院分东、中、西三路，中轴线上为礼制性建筑，有银安殿、嘉乐堂；东路是接待、办公区，有多福轩、乐道堂；西路是起居区，有葆光室、锡晋斋。三路宅院的最后不是院墙，而是一幢东西延绵 170 米，号称“99 间半”的二层后罩楼，这也是恭王府的“三绝”之一。相传，后罩楼是和珅的藏宝楼，他通过后墙的 44 个形状各异的什锦窗来分辨墙壁夹层中埋藏的奇珍异宝。

穿过后罩楼中间的过门，便是花园区了。入口是一座欧式风格的汉白玉拱门，是三绝中的第二绝“西洋门”。再往里走，花园深处巍峨而立的丰满建筑是第三绝“大戏楼”，也是所有王府中仅存的全封闭式大戏楼。其建筑面积达 685 平方米，舞台上方悬“赏心乐事”金字牌匾，舞台下被掏空并放置了数个大缸，以求声音能在缸中回荡并传导至各个角落。

▲ 恭王府建筑屋檐上的脊兽代表着王府的高贵与尊严

除了大戏楼这一主体建筑外，花园内还有流杯亭、邀月台、香雪坞、曲径通幽等几十个景点。洋洋大观的王府花园移步换景，典故频出，其景致竟与《红楼梦》中的“大观园”有几分暗合，原主人和珅家族盛极而衰的故事更是与贾家一般无二。

醇王府：末代皇帝从这里走出

清末的皇族显贵中，醇亲王一家可以说是站在风口浪尖，王爷奕譞是咸丰皇帝之弟，他的福晋是慈禧太后的亲妹妹，可谓亲上加亲。他在晚清时曾任职军机处，也是首位海军总理大臣，次子载恬是德宗光绪，孙子辈则出了末代皇帝溥仪，堪称“一门双龙”。第一座醇亲王府位于西城区太平湖东里路西，又称醇亲王南府，在载恬送入宫中继承大统后改为潜龙邸，一家子搬到现在后海北沿的北府。

北府最初是著名词人纳兰容若一家的宅邸。纳兰容若之父纳兰明珠作为康熙朝的重臣、武英殿大学士，权倾朝野，他利用职权进行贪污受贿、卖官鬻爵等不法行为，得罪了众多大臣。康熙二十七年（1688 年），政敌弹劾他结党营私、排斥异己，康熙皇帝借机打击纳兰一党，罢黜其大学士之位，其家族自此没落。乾隆五十五年（1790 年），纳兰明珠的四世孙承安获罪抄家，这处宅子被收没入官，在辗转过程中，还一度当过《还珠格格》中五阿哥永琪——荣纯亲王的王府与和珅的别院，最终成为醇亲王的府邸。慈禧太后对这个小叔子兼妹夫宠爱有加，赐银十六万两扩建府邸。王府分中、东、西三路，建有马号和西花园。花园引什刹海水入内环绕一周，水岸建有亭、榭、船坞等亲水景观。湖南、西、北三面均有土山，南山东侧有箑亭；湖南岸有明代两层楼建筑，称南楼；西侧有听雨屋，一条长廊连接南楼与北岸建筑群。

末代皇帝溥仪便诞生在此府中，他 3 岁被推上九五之尊，于 1912 年被迫退位。退位后的小皇帝仍然居住在紫禁城中，直到 1924 年冯玉祥发动政变把他赶出皇宫，才不得不回到阔别 16 年之久的醇王府。溥仪在《我的前半生》中回忆并写道：“醇王府是清朝第一个备汽车、装电话的王府，他们的辫子剪得最早。”

新中国成立后，这块王府一分为二，东边的宅院区作为国家宗教事务局的办公场所，西边的花园成为宋庆龄的居住兼办公地。宋庆龄故去后，

▲ 恭王府大戏楼

住所对外开放，和恭王府花园并为什刹海边的王府花园双璧。

涛贝勒府：摇身一变作学堂

恭王府东边的涛贝勒府也名钟郡王府，是末代皇帝溥仪的七叔载涛的府邸。载涛喜爱名贵马匹，新中国成立后还被任命为解放军马政顾问，参与军马场建设。

这座涛贝勒府北面为府邸区域，南面为花园区域，现在原始风貌已是

锡晋斋位于恭王府西所后院，上下装饰有雕刻精美的楠木隔断，殿内铺地为故宫都不多见的方块花斑子母石，是恭王府府邸最有特色的殿堂之一

恭王府建筑

清朝皇族在园林营造上对西洋文化并不抗拒，这座“西洋门”便体现了他们开放的审美观

▲ 醇王府花园被改造为宋庆龄女士的办公居住地点，赋予其更多的政治内涵

▲ 北京宋庆龄故居办公室

▲ 辅仁大学中西合璧的闭环城堡式建筑风格在民国大学中独树一帜

十不存一。载涛在民国时家境每况愈下，不得已于1925年以“租借100年”的条款将其典当给了天主教本笃会，换取16万银元另择住所。1927年，教会在王府兴建了“辅仁大学”，主楼建在花园中，是一座中西合璧的城堡式建筑。主楼正门为欧式汉白玉拱门，上覆歇山式绿琉璃屋顶，灰褐色的裙楼由主楼向两侧延伸再向后折回，与主楼形成一个“日”字形的结构。裙楼四角各建造一座角楼，均为歇山式屋顶，宛如城墙之角楼。王府的宅院也被改造，作为辅仁男附中校区。随着20世纪50年代的大学院系调整，辅仁大学被并入北京师范大学，男附中改为北京市第十三中学，这座教会学校自此消失在了历史长河中。

醇王府花园引什刹海之水入园，湖光楼影极富观赏性

北京宋庆龄故居的池塘

听雨屋

阿拉善亲王府：蒙汉合璧

阿拉善亲王府在恭王府东侧毗邻，以一南北窄巷相隔，二府素有“东府”、“西府”之称。因此，索隐派的红学家认为这两座府就是荣宁二府的原型，恭王府是荣国府和大观园，阿拉善亲王府自然是宁国府。

既然名唤“阿拉善”，定和远在内蒙古西陲的阿拉善盟脱不开关系。康熙年间，贺兰山西麓阿拉善草原游牧的部落首领和罗理因归顺清廷有功，被康熙封为多罗贝勒，授扎萨克（旗长）印。他的儿孙继位期间多次随清军平定青海、新疆叛乱，因功封亲王，又和皇室联姻，获赐什刹海边上这块宝地作为王府。

王府由东西两院及后花园组成，面积不大，仅有房一百多间，远没有相临的恭亲王府那么气派。东路为主要建筑所在，是王爷平日办公、接待客人所用；西路为住宅区域，北面有布置了假山、水池、游廊的花园。府内装饰蒙汉合璧，既有中华传统的雕刻、彩绘等，也铺有蒙古特产的毛毡、兽皮，每逢蒙古传统节日还要搭帐篷举行祭祀，体现了独特的民族风情。府里还将阿拉善草原上的毛皮地毯拿来加工出售，因而王府边上的胡同得名“毡子胡同”。

阿拉善王爷拿着一份朝廷俸禄，在领地内还经营商业、农牧业，收入颇丰，因此清朝灭亡后，他并没有像其他王公那样坐吃山空以至于变卖家产，府邸得以完整保存。20 世纪 50 年代起，王府被集体单位占用，先后做过苏联援助专家的住所和公安部宿舍，被职工称为“大观园”。现在，阿拉善亲王府总体格局和主要建筑尚存，还留有各个时代的痕迹，有原王府的古建筑，有 20 世纪 20 年代的西洋小楼、50 年代的苏式楼房，以及 80 年代的排房，见证了王府百年的风云变幻。遗憾的是，阿拉善亲王府与恭亲王府之间的那条“府间道”遭到了破坏，没法考证是否就是红楼梦中的原型，这让一众红学家直呼痛哉。

僧王府：
大隐隐于市

僧王府得名于主人僧格林沁，这位可是晚清蒙古骑兵的顶梁柱。在与太平天国北伐军的战斗中他守天津、战聊城、擒二寇，为维护北方的稳定立下了汗马功劳。对抗外敌的战争中，他同样功勋卓著。1860 年，在清军与英法联军对战的“八里桥之战”中，林沁指挥来去如风的蒙古马队奋力冲击英法联军的阵地，在中外战争史上留下了浓墨重彩的一笔。1865 年，他在剿灭捻军流寇的战斗中误中埋伏，以身殉国。僧格林沁出身贫苦牧民家庭，机缘巧合，赶上本家的多罗郡王绝嗣才被找来袭封，由此深知底层生活不易，平素爱护百姓、善待士卒。听说他去世的消息后，受过恩赐的军民无不巷哭野祭，就连投降的部分太平军士兵也给他设立灵堂。

僧王劳苦功高，是清王朝倚重的国之柱臣，被升格为世袭罔替的亲王。于是僧王将府边几处宅院买下来合为一处，改为僧王府。王府所在的“炒豆胡同”的名字没几个人听说过，但胡同所在的南锣鼓巷却是人尽皆知。

王府原由东、中、西三所各四进的院落组成，东、西两组院落几乎占据了整条炒豆胡同。中、西两路为早期的王府正院，建筑规格较高，各房屋建造得宽敞高大，室内金砖墁地且设有地下暖道，细节装饰之精美更不必说；东路为后购入的江南织造福德的宅邸，等级虽不比王府，但胜在布置了原主人喜爱的抄手游廊、藤萝架、假山石等江南园林元素，充作王府的后花园。

王府规模宏大，庭院幽深，几代王爷在里面过着奢靡的生活。辛亥革命后，僧王后裔因其蒙古王爷身份的利用价值，摇身一变当上了新国会的议员，继续吃着皇粮。可惜正如《红楼梦》里面说的“大户人家，必须先从家里自杀自灭起来，才能一败涂地”。僧王府也因后裔争夺家产，以致好大一座王府竟被作价变卖。辗转几手后，东院卖给了西北军，西院卖给了温泉中学，中部卖给了历史学家朱家溍的先人。

新中国成立后，大部分院落沦为单位宿舍和大杂院，今日仍然居住着近百户人家。里面阳棚板屋野蛮生长，杂乱无章的各类线缆管道彼此纠缠在空中，绘制有精美图文彩绘的游廊倒是得以保存下来，作为现成的自行车棚。

明朝王府何处寻

清朝为了防止王爷造反，都把王爷留在北京便于监视；明朝则是将王爷封在外省，怕他们在京与大臣勾结。但要说明朝在京没有王府也是不对的，各位皇子年幼未就藩时，统一居住在皇城东边叫作“十王府”的“集体宿舍”内。

这并非是说有个排名第十的王爷，也不是建造有十座王府。洪武二年（1369 年），朱元璋首次分封诸皇子，除太子朱标之外的九子全部封王，加上侄孙朱守谦被封为靖江王，一共十位。这次分封确立了皇子封藩制度，

雕梁画栋与阳棚板屋杂糅，亦是一方奇景

僧王府现状

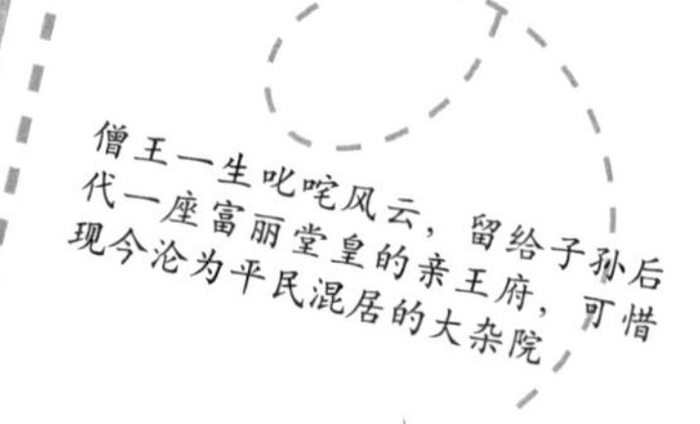

僧王一生叱咤风云，留给子孙后代一座富丽堂皇的亲王府，可惜现今沦为平民混居的大杂院

“十王”也成为制度专用名词，泛指分封藩王的礼制、等级和财富规定，后来又细分为上、中、下三等的“十王礼”，对应朱家几何级数增长的皇子皇孙。这座王府曾经多达8000间房，现在早已灰飞烟灭，单单留下一个地名，唤作“王府井”。

举步入高坛，
聆听天地神灵的声音

“国之大事，在祀与戎。”按照《周礼》中“左祖右社”的规制，北京中轴线上诞生了以太庙、社稷坛、天坛、先农坛和大高玄殿等为代表的皇家祭祀场所。天子王公希望祖先与神佛保佑国泰君安。这些祭祀之所，不仅是权力与信仰的交汇点，更是中华民族悠久历史与文化的深刻烙印。北京中轴线承载了诸多国家大事的发生与演绎，织就了北京独特而丰富的文化锦缎。

配享太庙：皇权的象征与传承

太庙里有古柏700余株，大多为明朝初建太庙时种下的。这其中，有一棵奇异的古柏，形似一只正在奔跑回首的鹿，人们称它为“鹿柏”。关于这棵鹿柏，还有一个神奇的故事：

通常，祭祀所用的祭品（比如牛、羊、猪、鹿等）被称作“牺牲”，会在祭祀前的半个月左右送到祭祀场的“牺牲所”由专人饲养。有一年，负责饲养祭品的老太监突然发现有一只母鹿在不能见血腥的太庙“牺牲所”生了一只小鹿，这追究起来是要掉脑袋的。老太监心软留下了小鹿，偷偷地

▲ 太庙鹿形柏

把小鹿养了起来。

到了第二年祫祭来临，鼓乐大奏，礼炮齐鸣，小鹿受到了惊吓，在太庙里四下狂奔。御林军急忙追赶搭弓射箭，箭支正中小鹿。突然一声巨响，空中划过一道金光，鹿儿不见了，一棵插着箭支的柏树出现在那里，仙鹤群飞。

这明明是祥瑞！皇帝大喜，于是率群臣向这棵柏树拜了三拜，并赐名“鹿柏”。

创建于永乐十八年（1420 年）的太庙，是明清两代皇帝祭奠祖先的家庙。太庙于明嘉靖年间被雷火焚毁，后得以重建。在清代又经历了顺治、乾隆两朝的修葺后，基本形成今天的格局。

▲ 太庙的五色琉璃门

太庙的皇家祭祀分为三种规格：一是享祭，这是例行的祭祖仪式，也称“四孟时享”，每年春夏秋冬四季的首个农历初一举行，太庙各个地方的牌位都要享殿，而皇帝会亲自参加。二是告祭，当国家有诸如皇帝登基、大婚或册立皇后之类的大事发生时，皇帝都要去太庙的寝殿进行祭祀。三是祫祭，在每年除夕的前一天进行，历代帝后的神主都要请到大殿进行合祭。这是一年中规模最大的一次祭祀，也最为隆重。

什么叫“配享太庙”？太庙原则上是皇家的家庙，祭祀的也是皇家的祖先。但其实，除帝王的先辈外，一些于江山社稷有大功的臣子，经皇帝批准也可在死后将牌位放入太庙，并以郡王之礼厚葬，这是一般人臣死后可以得到的最高礼遇了。

▲ 太庙

社稷坛：
大吉大利，祭拜天地

中山公园的郁金香是北京郁金香的“顶流”，每年春季都会吸引大量游客前来观赏。这个如今对外开放的公园，曾经可是皇帝祭祀社神（土地神）、稷神（五谷神）的地方。古代帝王自称受命于天，将社稷视为国家构成的基础，每年都要举行大祭，如遇出征等重大国事，也要在此举行社稷大典。

▼ 社稷坛建筑群中最核心的“五色土祭坛”

▲ 中山公园内的中山堂

社稷坛与太庙对望于天安门至午门一线的东西两侧，依据《周礼》“左祖右社”的规制，东侧为太庙，西侧为社稷坛。

北京社稷坛于永乐十八年（1420 年）仿南京社稷坛而兴建，由于“祖”为阳，“社”为阴，社稷坛内垣的正门向北，与太庙内垣正门向南恰恰相反。祭祀社稷之神时，须由北向南步入社稷坛。因此，社稷坛内也是自北向南须依次为戟门、祭殿、社稷坛，祭殿正是如今的中山堂，在 1925 年时曾停放过孙中山先生的灵柩。

国有社稷坛，家有五色土。整个社稷坛建筑群，最为核心的便是祭殿南侧的名为“社稷坛”的五色土祭坛。此坛主体为三层平台的方形祭坛，坛上铺撒青、白、赤、黑、黄五色土，分别由当时全国东、西、南、北、中五方取得。按照旧制，直隶、河南进黄土，浙江、福建、广东、广西进

▲ 北京中山公园里的郁金香盛开

赤土，江西、湖广、陕西进白土，山东进青土，北平进黑土。天下郡县计三百余城，各土百斤，皆取于名山高爽之地。到了清代，黑土改由关外采取。

民国后，这座皇家祭坛不再具有祭祀的功能，转而向公众开放，定名“中央公园”。至民国十七年（1928 年），为纪念停灵于此的孙中山先生，将中央公园改作“中山公园”。

中山公园内有一座公理战胜牌坊，正中牌匾上雕刻“保卫和平”四字。在这座被迫建造的牌坊背后，隐藏着一段不堪回首的“庚子国变”往事。牌坊原名“克林德纪念牌坊”，建造之初是为了纪念光绪二十六年（1900 年）被刺杀的德国驻华公使克林德。1901 年，清政府与列强签订的《辛丑条约》中，除了众所周知的四亿五千万两白银赔款和拆除大沽口至北京沿途

这座看上去普普通通的牌坊，铭刻了中华民族从任人宰割到洗刷屈辱的坎坷历程

中山公园来今雨轩

鲁迅同款的冬菜包子

国防设施之外，就有清政府派员赴德国向德国皇帝道歉，以及在克林德毙命之处建造一座纪念碑。

德国在一战中战败后，北洋政府将牌坊移至中山公园内，并将原有文字全部去除，另外镌刻了“公理战胜”四字，作为第一次世界大战胜利的纪念。1952 年，亚洲太平洋地区和平会议在北京召开，为了表示与会国家保卫世界和平的愿望，中山公园内的“公理战胜牌坊”改为“保卫和平牌坊”。

在中山公园内环坛西路上，有一座集餐馆与茶座于一体的老字号建筑——来今雨轩。它始建于 1915 年，历史悠久，文化底蕴深厚，是京城内一处不可多得的雅集之地。鲁迅先生曾在来今雨轩就餐数十次，很多作品和翻译都是在这完成的。他还曾在《鲁迅日记》中提到：“这里的包子，可以吃。”如今，鲁迅同款的冬菜包子成了大家争相品尝的“网红包子”。

天坛：
皇权至上，受命于天

1998 年春节，国际古迹遗址理事会主席兰德·席尔瓦来北京天坛考察，形容天坛是“世界遗产皇冠上被遗忘的钻石”。在 11 个月后召开的世界遗产保护委员会全委会上，天坛以全票通过，被列入“世界遗产名录”。

天坛是中国现存占地面积最大的古代祭祀性建筑群，整体面积达 273 万平方米，约是紫禁城的 4 倍。

大家对天坛的印象大多约等于祈年殿，它的三生三世使其如今成为天坛的标志性建筑。第一世，明成祖朱棣仿南京形制建天地坛，合祭皇天后土，当时祭祀天的“大祀殿”是祈年殿的前身，是一个下坛上屋的方形大殿。第二世，明嘉靖时期拆大祀殿改建大享殿，用于秋季大享，并于殿顶覆上青、中黄、下绿三种琉璃瓦，寓意天、地、万物。第三世，清乾隆时期，乾隆皇帝更殿名为“祈年殿”，将原来琉璃瓦颜色改为纯青色，象征天色。光绪十五年（1889 年），祈年殿毁于雷火，凭借老工匠回忆，按原样重建，重建后的祈年殿较原殿粗矮了些。

实际上，祈年殿只是祈求五谷丰登之所，真正的天坛建筑群由“圜丘坛”和“祈谷坛”两组坛庙建筑组成。

圜丘坛始建于明嘉靖九年（1530 年），主要用于祭天。圜丘坛坛域平坦，中心坐落一座巨大的三层圆形石台，称“圜丘”。每年的冬至日是一年中白昼最短的一天，“阳气”萌发，这是专属于“天”的瞬间。因此，旧时，每年冬至的日出前七刻，皇帝会亲自迎接冬至日出的第一缕曙光，站在圜丘中心的天心石上朗读祭文。不得不说，古代工匠在建筑声学上颇有造诣，皇帝在圜丘中心发出的声波经过光滑的坛面与栏杆的多次反射，源源不绝地传回他自己的耳中，仿佛天下万民都在回应着他的祈祷。

天坛建筑中的另一项声学杰作，是位于皇穹宇院落中的回音壁。乾隆十七年（1752 年），在对天坛的大修之中，工匠们使用了产自山东临清的澄泥砖，与故宫大殿中铺地的“金砖”同源，表面极其光滑细腻。当两人

▲ 天坛祈年殿

分别站在院墙的东西两端，说话时产生的声波沿着光滑的圆形围墙不断反射传播，以曲线的方式跨越东西两座配殿的阻碍，听起来就像打电话一般清晰可辨。

祈谷坛很容易被误解为是祈年殿的基座，事实上，它和圜丘坛一样，是一个祭坛，只不过在祭坛之上又兴建了殿宇，即祈年殿。旧时，每年正

北京天坛的回音壁

天坛的青色屋顶

天坛公园七星石相亲角

▲ 天坛圜丘

▲ 圜丘中心的天心石

月上辛日会在此举行祈谷大典，祈求上天保佑“风调雨顺，国泰民安”。

天坛有内、外两重围墙，围墙的西北、东北两角皆为弧形，而西南、东南都是直角，整个围墙北侧呈圆弧形，而南侧呈方形，此“北圆南方”的布局蕴含着“天圆地方”的意味。这内外两重围墙，也使整个天坛被分成了内坛和外坛两个区域，构成两组建筑群。两者之间由一甬道相连，名曰“丹陛桥”。

在祈年殿东侧，长廊的南侧，卧着几块按照北斗七星方位排列，并雕刻有山脉纹路的石头——七星石。有趣的是，虽名为“七星石”，却有八块石头，除七块大石之外，东北角还有一块小石头。据说，这块小石头是清乾隆帝命人增设上去的，为了表明满族也是华夏民族的一员，寓意“华夏一家，江山一统”。也有人解释说，满人认为七星石代表了中原的七座名山，于是增加了一块石头来代表东北的长白山。七星石区域现在已经发展成了有名的父母代征婚的相亲角。

先农坛：
一亩三分地，耤田享先农

先农坛里藏着一个小众博物馆——北京古代建筑博物馆，里面有两个“天花板”级别的天花板，那就是古代建筑博物馆里的盘龙藻井和天宫藻井。盘龙藻井由一整块金丝楠木雕刻成一条盘龙，细腻考究，栩栩如生。天宫藻井则有 1400 颗星星闪耀着，带你去看唐代的星空。

先农坛位于永定门内大街西侧，与天坛隔街相望，分为内坛、外坛和神祇坛三部分。《周礼》规定“天子耕于南郊”，明代沿袭周制，将先农坛

建于城南。

这座始建于明永乐十八年（1420 年）的坛庙，初时的祭祀活动不仅包括对先农炎帝神农氏的祭祀，也包括对太岁神、天神地祇等的祭祀，那时的先农坛称为“山川坛”。明嘉靖十年（1531 年），正殿风云雷雨天神和岳镇海渎地祇被移到内坛之南新建的天神地祇坛进行祭祀，山川坛更名为神祇坛。再至万历四年（1576 年），神祇坛更名为“先农坛”，沿用至今。

先农坛现存有五组古建筑群，是清乾隆年间改建后形成的基本格局。不同于中国古代传统建筑“中轴突出、两翼对称”的布局原则，先农坛的建筑是根据帝王祭祀活动的实际需要设置的，现存建筑中大部分保留了明代特征，部分建筑甚至是明代遗构。

第一组，太岁殿建筑群，是先农坛中最为宏伟的建筑群。嘉靖年间改制后，专门用来祭祀太岁神，其余神祇迁出。第二组，神厨建筑群，包括正殿、神厨、神库、井亭和宰牲亭，正殿是准备牺牲祭品及存放先农神牌位的地方。第三组，神仓建筑群，在清乾隆时改为神仓，用以储存皇帝亲耕耤田收获之粮食，作为祭品供日后京城皇家坛庙的祭祀活动所用。第四组，庆成宫建筑群，皇帝行礼之后于此处犒劳百官。庆成宫前殿有宽大的月台，可以举办祭祀礼仪活动。第五组，具服殿，其观耕台是皇帝亲耕后观看大臣耕作的观礼台。

耤田占地一亩三分，老北京人常用“一亩三分地”来表达一个人的势力范围，来源便是这里。耕耤礼源于古代祈求丰年、鼓励农耕的公共仪式。氏族社会瓦解，阶级社会出现后，土地早已在事实上由各级统治者实际占有，但所谓的“公田”名义上还存在着，且耕作的主体依然是百姓。此时，统治者已不像祖先那样直接进行劳作，但仍会象征性地率先推耕。这种象征性的耕耤行为逐渐发展成一种礼仪，便是耕耤礼。

▲ 先农坛中国古代建筑博物馆中的盘龙藻井

▲ 天宫藻井中的古代星图

▲ 太岁殿是先农坛内最大的单体建筑，明嘉靖以前，太岁殿称山川坛正殿

▲ 先农坛内皇帝观看大臣行耕耤礼的观耕台，现存建筑修建于清乾隆年间

▲ 皇帝行祭农耕耤之礼的耤田，即“一亩三分地”

道咸以后，大清国运凋敝，皇帝们也顾不上再到这里“走秀”了。光绪三十三年（1907 年），光绪帝曾到先农坛进行祭祀，这是清朝历史上也是中国历史上的最后一次亲耕礼。

时间来到民国，1915 年的北京，虽已共和四年，但尚无公共游乐场所。管理前清坛庙事务的民国内政部，把社稷坛和先农坛一并放入了第一批开办公园场所的名单，使其成为中央公园和北京先农坛公园。1918 年，北京先农坛公园改为城南公园。1949 年 7 月，北京育才学校的前身——延安保育院小学从西柏坡进京，临时以城南公园为校区使用。1952 年，北京育才学校正式将此区域作为学校使用。1991 年，先农坛以北京古代建筑博物馆的崭新身份重新向公众开放，先农坛也迎来了一个属于它的全新时代。2024年，神仓建筑群在移建200多年后，首次面向公众开放。

大高玄殿：道士皇帝的政治遗产

大高玄殿位于景山公园西侧，始建于明嘉靖二十一年（1542年），整个建筑群南北向呈长方形分布。初建之时，大高玄殿被明朝廷规定为皇家斋醮和内廷官员与宫女学习道教礼仪的场所，后成为明清两代尊奉“三清”——玉清元始天尊、上清灵宝天尊、太清道德天尊的皇家道观。

明嘉靖帝痴迷道教，一心修玄，甚至被后人称作“道士皇帝”。他在京城修建了很多道观，大高玄殿就是其中最为宏大的手笔。大高玄殿建筑群坐北朝南，南北长264米，东西宽57米，占地面积近1.5万平方米。由南向北依次为“品”字形三座牌楼、两座亭子、两重琉璃门、大高玄门、大高玄殿、九天万法雷坛和乾元阁。

现在矗立在筒子河北岸的大高玄殿南牌楼其实是2004年重建的。从前，大高玄殿的南院墙一直延伸至筒子河。南院墙的南面和东、西两侧，便是“品”字形布局的三座牌楼。东西牌楼均为明嘉靖二十一年（1542年）始建，东牌楼正反面分别镌有“孔绥皇祚”和“先天明镜”，西牌楼则为“弘佑天民”和“太极仙林”。南面的牌楼是清乾隆年间复修大高玄殿时补建，正面匾额为“乾元资始”，背面为“大德曰生”。一般牌楼建造时，为了使之更加结实稳固，会在牌坊两面设有“八”字形的斜向戗柱作为支撑，但大高玄殿的牌楼使用粗大的楠木做立柱，柱脚深入地下，因此并未使用戗

▲ 矗立于故宫神武门西侧、筒子河北岸的大高玄殿南牌楼，是 2004 年重建的

▲ 大高玄殿正殿

柱。所以老北京便有了“大高玄殿的牌坊——无依无靠”的歇后语。可惜后来为了疏导交通，这部分建筑在民国年间和新中国成立后陆续拆除了。

到了清康熙年间，为了避康熙玄烨的名讳，大高玄殿更名为“大高元殿”，故宫的玄武门也改成了“神武门”。1900 年“庚子国变”，八国联军攻入京师时，法国军队在大高玄殿驻扎了近 10 个月，使其遭到严重破坏，尽管后来清廷又对其进行修缮，但许多遭到损毁的珍贵文物已难再恢复了。此后，大高玄殿又经历了被日本军队占用、被国民党接管，直到新中国成立后，才重新归由故宫管理。

大国复兴的见证者，这盛世如你所愿

步入近代，中国惨遭列强的宰割分食，中轴线这条代表政权稳定、社会和谐的标志物也迎来了疾风骤雨的洗礼，逐渐礼崩乐坏……洋人的使馆、教堂、铁路、兵营在中轴线上拔地而起，著名的东交民巷成了几代人挥之不去的耻辱记忆。经历一百多年艰苦卓绝的抗争，中国人民赶走了外国侵略者，实现了人民当家作主！又经历了几十年筚路蓝缕的奋斗，终于用和平崛起的方式，实现了了几代人孜孜以求的民族复兴之梦！

枪口下的“万国来朝”

清咸丰十年（1860年）八月，英法两国借口对两年前签订的不平等条约《天津条约》进京换约，与清朝廷一番龃龉后，竟欲乘军舰武装进京。咸丰皇帝闻讯大怒，也集结精锐兵力。不想，双方军事实力差距太大，清军先败于天津大沽口，再败于通州，三败于八里桥，六师尽丧。9月22日，咸丰帝见势不好，下旨召开停办多年的“木兰秋狝”，带着后宫仓皇逃亡避暑山庄，京师遂陷。10月7日，英法联军纵火焚烧了“万园之园”圆明园，将几代皇帝的心血付之一炬。信报传到热河，咸丰皇帝惊得一病不起，忙不迭任命皇弟恭亲王奕訢为全权议和大臣，嘱咐他“以和为贵”。

▲ 奥匈公使馆旧址位于今天的台基厂头条，以其负责人“罗伯特·赫德”的名字而命名为“赫德路”。如今在台基厂头条西口北墙上，当年“赫德路”的标示牌依旧保存，记录了东交民巷地区的百年沧桑

自古城下之盟是没多少可商量的，无非是在优势方拟定的各种条款上签字画押。经过一番仪式性的讨价还价，10月底奕訢与英法分别签订了《中英北京条约》《中法北京条约》，开立商埠、割地赔款，还约定列强国家可以在北京建使馆（建馆在三年前的《天津条约》便已约定，后清廷反悔，至此方被迫应允）。

起初，朝廷想将使馆设在远离皇宫的偏僻地方，但英法两国抢先一步将馆址择于与皇城南门一墙之隔的“东江米巷”。他们理由也很简单：之前这附近有接待各国使臣的“四夷馆”。此后几年，俄国、美国、荷兰，乃至日本皆尾随而来。洋人发不好“江”这个音，和官员百姓交流时常产生误会，便照会清政府将地名改为“东交民巷”。

▲ 在东交民巷历史建筑物前拍照已经成为北京旅游的打卡必选项

由义和团运动引发的“庚子国变”后，清政府主权进一步沦丧，于1901年与十一国签订了中国近代史上失权最严重的不平等条约——《辛丑条约》。此后，这条街上的衙署仅保留了吏、户、礼三部和宗人府，其余尽数迁出，各国可以明目张胆修建碉堡、驻扎军队，炮口直接对着一墙之隔的紫禁城。其中，最为嚣张的是英国和俄国，二国馆区紧临中轴线上六部官员办公的“千步廊”，中央机关的一举一动都在其监视之下。为了便于调兵遣将，洋人还强行将铁路修到了正阳门下，东西两侧各一座炫亮的欧式火车站昂然而立，将京城古老的龙脉拦腰斩断，士绅百姓见了均号哭不已。

诸国利用庚子赔款大肆扩建使馆区，兴建西式建筑，包括英国汇丰、俄国俄华道胜、日本横滨正金银行等外资机构，邮局、医院等设施，以及圣弥厄尔教堂等宗教场所。使馆区内不适用中国法律，禁止中国百姓出入，

▲ 东交民巷使馆区的西洋建筑

俨然一个“国中之国”。列强还在当时最繁华的珠市口西大街和前门大街的交汇会修建了“珠市口基督教堂”。此教堂当当正正钉在中轴线上，正对正阳门。

1949 年，北京和平解放。当年 2 月 3 日举行了盛大的入城式，解放军走过前门箭楼，忽然向右拐了个弯，挺进东交民巷，现场百姓顿时雀跃欢呼。在制定解放军入城仪式的行进路线时，毛泽东主席只提了一个简单但是却非常郑重的要求：入城时必须要经过东交民巷！次年，解放军正式责令洋人将使馆区物归原主，收回了家门口这块丧失近百年主权的领土。

如今的使馆建筑大都保留下来作为机关单位办公、住宿所用，绿荫环绕的洋房精致秀丽，异国风情扑面而来，谁能联想起百年前，列强曾在这里盘算着肢解中华的阴谋诡计呢。

东交民巷19号的法国邮政局旧址，建于1910年，建筑具有明显的中西合璧风格

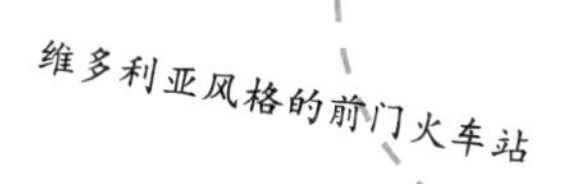

维多利亚风格的前门火车站

日本正金银行旧址

圣米厄尔教堂，即东交民巷天主堂

▲ 天安门无疑是中华民族解放和崛起的象征

复兴肇始：
世界上最大广场的兴建

1949 年 10 月 1 日，毛泽东主席在天安门城楼上庄严宣告：“中华人民共和国中央人民政府今天成立了！”军乐团高奏《义勇军进行曲》，广场中央升起第一面五星红旗，随后举行了盛大的阅兵式。傍晚，群众游行开始，工人、农民、学生、市民队伍高举红旗，纵情欢呼享受得来不易的自由。开国大典宣告了中华人民共和国的诞生，但也发现了一个重要的问题——天安门广场实在太小了，容纳不了更多聚集的群众。

经过多方设计、论证后，一个前无古人的大胆方案在此后几年出炉。方案将天安门以南残损不堪的明清千步廊残余及六部设施尽数拆除，扩大广

▲ 中国国家博物馆

▶ 人民英雄纪念碑

场的面积。规划中还有三点特别要求：天安门广场及东西长安街要求无轨无线；路面经得起60吨坦克车的行驶；道路及广场要求“一块板”（即长安街与广场融为一体）。这是战备需要，为的是紧急时刻能在长安街上起降飞机，可谓是高瞻远瞩。

广场中心焦点是通高37.94米的“人民英雄纪念碑”，正面（北面）碑心镌刻着毛泽东同志1955年6月9日所题写的“人民英雄永垂不朽”八个金箔大字。背面碑心的内容为毛泽东起草、周恩来书写的150字小楷碑文。碑座有八块浮雕，从虎门销烟、太平天国、武昌起义一直到“胜利渡长江”，记录了一百多年来中国人民在内外压迫下寻求救国真理，直至在中国共产党领导下获得民族解放的坎坷道路。

广场西侧是国家最高权力机构的标志——人民大会堂。大会堂壮观巍峨，建筑平面呈“山”字形，两翼略低，中部稍高，四面开门。外表为浅黄色花岗岩，上有黄绿相间的琉璃瓦屋檐，下有5米高的花岗岩基座，周围环列有134根高大的圆形廊柱。

广场东侧是中国国家博物馆，其前身是1959年落成的中国历史革命博物馆，与作为新中国最高政治殿堂的人民大会堂遥遥相对，成为中国最高历史文化殿堂。值得注意的是，博物馆正门前设两排方柱组成的长廊，使空间深邃灵动，给人一种历史与现实相交错的感触。原来，这竟是一个不得已的设计。为了与对面硕大的人民大会堂对称，相对“娇小”的博物馆不得不“打肿脸充胖子”，设置了这么一个宽阔的廊道充门面。

人民英雄纪念碑南侧是1977年9月9日举行落成并对外开放的“毛主席纪念堂”。其主体建筑为柱廊型正方体，南北正面镶嵌着镌刻“毛主席纪念堂”六个金色大字的汉白玉匾额，44根方形花岗岩石柱环抱外廊，庄严肃穆，具有独特的民族风格。

▲ 庄严矗立于天安门广场西侧的人民大会堂

完工后的天安门广场北至天安门，南至正阳门，西侧是人民大会堂，东侧是国家博物馆，中轴上有人民英雄纪念碑和毛主席纪念堂，南北长 880 米，东西宽 500 米，面积达 44 万平方米，中轴居中，两翼对称可容纳 100 万人举行盛大集会，是世界上最大的广场。

迈向盛世的“脚印”

2008 年 8 月 8 日晚，北京奥运会开幕式上，天空中出现了一串“脚印”，伴随着一声声巨响，由象征 29 届奥运会的 29 个巨大焰火组成的脚印，从永定门沿着中轴线向北进发。脚印踏过万人空巷的前门大街，路过象征旧日屈辱的东交民巷，经过凝聚着无数英雄血与魂的人民英雄纪念碑，掠过雄伟的天安门和恢宏的紫禁城……历时 63 秒到达“鸟巢”上空。

体育场灯火尽熄，来自五大洲的观众和运动员在黑暗中翘首以待，当最后两个巨大的脚印闪现在上空时，礼炮齐鸣，点亮了整个体育场。全世界205个国家和地区的来客见证了这一刻的到来。

为了迎接这次盛会，中国政府于中轴线北延长线的“龙头”上兴建了今日北京的地标性建筑——鸟巢和水立方。二者分列中轴线两侧，一个为圆形，一个为方形，将“天圆地方”的古老哲学思想与大胆新颖的现代建筑完美结合在了一起。

鸟巢，即国家体育场，占地20万平方米，能容纳观众9万余人。2008年北京奥运会开、闭幕式及田径、足球赛事都在此举行。建筑主体由一系列辐射式钢架围绕碗状坐席区旋转而成，结构科学简洁，设计新颖独特，曾获评《时代》2007年世界十大建筑奇迹。它因外形酷似“鸟巢”形状而得名，象征着破巢而出的新生。

水立方，即国家游泳中心，是一座边长177米、高30米的水蓝色立方体。外立面共由3065个气枕组成，其中最小的1—2平方米，最大的达到70平方米，覆盖蓝色薄膜的面积达10万平方米。设计寓意为大大小小的水滴汇聚成一片海洋，象征不远万里参加盛会的五大洲运动健儿。场馆内部是一个六层楼建筑，平面呈正方形。馆内设施主要包括比赛大厅、热身池、多功能大厅以及大型嬉水乐园。

鸟巢和水立方作为北京奥运会的重要遗产，在奥运会结束后仍然发挥着重要的作用。它们除了继续举办各类国内外赛事，还承接演唱会、展览、娱乐嘉年华等多种文化服务，吸引了大量观众和游客。游客们花上几十元门票，就能进入鸟巢内部参观奥运开幕式前各国领导人休息的金色大厅，乘坐电梯登上钢结构顶部俯瞰体育场内部。2022年鸟巢还作为北京冬奥会的开闭幕式场馆再次站在了世界体育舞台的中心，成为国际关注的焦点。“水立方”带着奥运的光环，成为世界上首次采用智能化技术建造，水冰转换的奥运场馆，并拥有了一个新的名字——“冰立方”国家游泳中心。

▲ 北京大兴国际机场

飞向未来的
新地标

如今，从市区驾车向南驶上名为“南中轴路”的坦途大道，一个小时左右便可来到北京中轴线南延长线上最后一座地标性建筑——大兴国际机场。

这座糅合科幻、先锋造型与传统文化内涵的宏伟建筑，自 2014 年起开始动工，历时 5 年建造而成，2019 年正式通航后，缓解了首都机场日益繁忙的交通压力。机场有 63 个天安门广场之大，整体呈六角星状，六只纤长的触手慵懒地伸展在广阔的大地上，从天空中俯瞰如同奇异的外星人基地。机场内部采用大量绵长起伏的曲线装饰，给旅客带来无限延伸的视觉观感，扩大了室内空间的深度和广度。最吸引人的是穹顶上硕大无朋的气泡窗，由

▲ 国家体育场

▲ 国家游泳中心

一万多块形状各异的双层玻璃拼接而成，体现出几何构造体精巧纤细的美感，通过窗户引入的外界自然光线也让室内环境更为舒适。装饰细节上，机场大量运用了中国传统美学造型，让外国游客第一时间感受到中华文化的绚烂与奥妙。

大兴机场的落成进一步丰富了中轴线的长度与内涵，为古典文化遗产注入了科技的活力，将中国与世界更为紧密地联系在了一起。

东交民巷的欧式建筑见证了山河宰割破碎，天安门广场的兴建昭示着民族前进的意志，奥运建筑群的诞生和使用标志着大国复兴的长卷徐徐展开……中轴线上凝聚了如此多的历史荣辱，是一座当之无愧的近代史丰碑。

第二章

听逸闻趣事，中轴线上的人和事

01

闯入皇宫的不速之客

每日清晨，故宫博物院的正门外便人头攒动，从全国各地乃至海外不远万里而来的游客们聚集于检票口前。随着大门吱呀一声缓缓打开，历经几百年沧桑的宏大宫殿群再一次张开双臂，迎接鱼贯而入的游客们。可在遥远的皇朝时代，这种警戒森严的宫廷禁地，普通人哪怕往宫门多看上一眼，也会引来警卫的盘查与斥责。但历史的波澜中，也总有些个漏网之鱼，冲破重重禁卫，闯入九重宫阙内部，惊扰皇城平静甚至有些无聊的生活。

皇城墙：大汗的防偷窥之作

元大都初建立时，只有外城和宫城两道城墙，皇城并没有修墙。元朝统治集团起自草原，生性粗疏旷达，不喜被重重高墙环绕，只派侍卫五步一岗、十步一哨地看守着，遇到大型庆典时，也加派兵士将皇城围成一圈。百姓好奇皇城模样，也想窥见天颜，加上守卫兵士日渐松懈，不少人竟偷偷遛进皇城内四处窥探。

一日，元成宗带着后妃在太液池中泛舟行乐时，岸边突然闯来一撮嘻嘻哈哈的醉酒大汉，对着皇帝嫔妃指指点点、

元大都遗址公园的蓟门烟树石碑

品头论足。惊了圣驾可还了得！护卫的怯薛（即怯薛军，指蒙古帝国和元朝的禁卫军）勇士们赶紧去抓捕这帮刁民，后者见势不好一哄而散，追了半天才抓到一两个。审问下得知，这些人并无什么阴谋诡计，无非是想看看皇上种地是不是用金锄头。成宗哭笑不得，下旨把这两人打了板子轰走。

事情结束后，成宗忙不迭让民夫们修建了一圈城墙，将皇城密不透风地围起来，皇城适才成了名副其实的一座城池。与明清红墙黄瓦的皇城不同，元代尚白，城墙通体刷为白色，一如草原苍穹下洁白的蒙古包。

▲ 冲破重重禁卫，在迷宫般的紫禁城内找到行刺目标并不是一个容易的任务

竟有刁民行刺朕！

转眼来到了明朝万历初年，统御天下的是年仅十岁的万历皇帝朱翊钧，他甫一登基便遭到当头棒喝。一天清晨，天蒙蒙亮，小皇帝在内臣簇拥下经过乾清门去临殿听政，周边的侍卫按照惯例安排列队执勤，不料其中有一人神色慌张、脚步紊乱，形迹很是可疑。卫士定睛一看是个生脸，迅速围住将其拿下，带到大牢里审问。这个人很快便“坦白”，自己名叫王大臣，本是戚继光大将军部下逃兵，这回受刚致仕退休回河南老家的前内阁首辅高拱指使，前来刺杀天子。

▲ 名相张居正

进宫行刺这还了得！没有内部人带路指点，一个外人如何能在这弯弯绕绕的九重深宫中接近天子！把皇帝从小带大的太监“大伴”冯保和皇帝的老师张居正趁机说，定是陛下辞退这高拱，他怀恨在心出此奸计，现在刺客已经招供，当立即逮捕高拱。小皇帝一听，先派锦衣卫去高拱老家把他全家监视住，后又将其押送入京问斩。原来，这两人素来与高拱有仇，生怕朝廷再启用他，竟利用王大臣闯宫的案件，私下教唆其诬陷高拱，还偷偷塞给他一把刀当作凶器，说好事成之后非但无罪反而能得大富贵。王大臣就按他们教的“招供”了。

高拱真是“人在家中坐，锅从天上来”。其他朝中大臣们一看不乐意了，这高拱就算有一万个胆，也不敢行刺皇帝啊，分明是你张居正和冯保平时和高拱有过节，趁这机会罗织冤案算计人，纷纷上疏为高阁老喊冤。王大臣在牢里也逐渐缓过劲来，知道行刺圣上是死罪，嚷着要翻案揭发真正的主谋。二人情知不妙赶紧罢手，于是在一个月黑风高的夜里，冯保派人割掉了王大臣的舌头，用药毒哑了他的嗓子，偷偷找个地方将他弄死，算是了结此事。至于王大臣到底如何进的宫，真正企图是什么，永远地掩埋在了历史的尘埃中。

▲ 乾清门险些成了万历皇帝的鬼门关

总有刁民吓唬朕！

万历皇帝一登基便险遭不测，给他此后的帝王生涯蒙上了不详的阴影。他一个十岁继位的娃娃哪懂得治理复杂的国家和后宫？朝廷大事全靠老师兼内阁首辅张居正，后宫则被生母李太后和太监冯保把控，难有什么自主权力，正应了那句话“生于深宫之中，养于妇人之手”。等到长大了摆脱张居正和太后等人的束缚后，万历皇帝就开始放飞自我，加上在立太子事件上与大臣们赌气，他索性摆烂不上朝了，在后宫一待便是几十年，这也成为明朝灭亡的源头之一。

万历躺平躲起来讨清净，但架不住总有人找他，大臣们形成默契臊着他不理，反倒是平民百姓前仆后继闯进宫中“强行面圣”。这时的宫廷禁卫如同筛子一般，简直是谁想进就能进。明代内廷史料《明神宗实录》记载了一系列闯宫鸣冤的案例：

万历七年（1579年），有自刎于端门者，已奉旨严示。未几，复有故犯男子张杜，持刀擅入禁地自抹。

万历二十三年（1595年），有男子刘行洁诣阙自刎。

万历二十四年（1596年），又题四川巴县民徐起建叫冤皇极门。

万历三十五年（1607年），湖广黄州府民萧继先挟疏奏推官高维垣枉杀其父，持刀至保宁门自刎。

这些告御状的显然平日被地方官员和恶霸压迫到了极限，报定必死的决心也要上京鸣冤，他们闯进去先是长呼冤枉，也不等天子降恩裁决，直接把脖子一抹。这种行为竟然频频发生，可见万历时期从宫廷到地方，官场吏治都已经烂透了，明朝的灭亡仅仅是时间问题了。

还有刁民
要害太子！

万历皇帝御极几十年，在他漫长的一生中，充满了不顺意。他还是小青年时见着个宫女，把持不住偷偷与其发生了关系，就这一次竟然珠胎暗结日后生下了皇长子朱常洛。万历皇帝根本不想承认这个孩子，但架不住李太后喜欢，于是不得不给了宫女和朱常洛名分。在此后的岁月中，万历皇帝一直不待见这对母子，而是宠溺郑贵妃和她的儿子福王朱常洵，甚至要将福王立为太子。奈何群臣不答应，形成统一战线，非要按长幼顺序，为皇长子争太子地位。万历和大臣们僵持了多年，最终低头认输，将皇长子立

▶ 万历皇帝的一生可谓是“家事国事天下事，事事烦心”

为太子，史称“国本之争”。一国天子竟然连自己的家事都不能做主，万历皇帝一怒之下索性摆烂不上朝了，将朝政甩给大臣们，自己在深宫中靠几个东厂耳目来监视。

朱常洛虽被立为太子，但也是过得战战兢兢，在万历皇帝和郑贵妃面前毕恭毕敬，生怕落下什么不是被废掉。郑贵妃也一直没有放弃更立太子的念头，暗地收买手下想择机让福王上位，深宫之中暗流涌动。

万历四十三年（1615 年）五月初四的黄昏，有一男子手持木棍，闯进太子朱常洛居住的慈庆宫，欲刺杀太子，几下就击伤了守门太监。侍卫们慌忙救驾，费劲九牛二虎之力才在前殿擒住该男子。手持凶器闯宫行刺储君，万历帝气得直跳脚，当即命令法司提审问罪。

这家伙开始还算配合，自述名叫张差，蓟州井儿峪人，可说到关键的幕后指使就开始颠三倒四、胡言乱语。软硬兼施之下，他才道出是在街上遇见一个老太监，这人告诉他：“小伙子我看你骨骼清奇非池中之物啊，现在正是报国锄奸的时候，就看你有没有这意愿了。”他热血上头，一口应承下来，老太监把他辗转带入东宫，给他一条齐眉棍，指给他有个穿黄色龙袍的就是奸贼……于是便有了行刺的事。

大臣们一查，发现老太监是郑贵妃身边的人。万历皇帝一听也觉得不悦，问太子朱常洛怎么判合适。太子在宫中浸淫多年，早就熟稔父皇的言外之意。他口是心非地说这张差显然是一个疯子，哪有什么阴谋诡计，单处决他一人便可。万历皇帝听罢眉开眼笑，连连称赞太子是个明白人，降旨照太子说的做。

朱常洛就在这波诡云谲的后宫中又一次化险为夷，终于熬到万历驾崩，他苦尽甘来御极称帝，是为明光宗。但没想到登基仅仅一个月，他纳了郑贵妃进奉的几个美女后突然染病不愈，几天后吃了大臣进献的丹药竟离奇暴毙，这又牵扯出晚明另外一桩大案——“红丸案”。光宗驾崩后不久，为了争夺继位幼帝的监护权，群臣与妃子又撕破脸皮开展了一番争斗，最终，杨涟等几个大臣硬是将小皇帝从妃子李选侍手中抢走，是为三大案之一的“移宫案”。最是无情帝王家，为了这个皇位，本是至亲的父子和兄弟钩心斗角，反目成仇，进行了你死我活的斗争。古往今来，又不知道有多少人深陷这权力的游戏，置血缘亲情于不顾，走上那一条背叛与阴谋的道路！

▶ 嘉庆皇帝画像

嘉庆皇帝遇险记

与前朝相比，清代帝王的危机感更重，紫禁城内外的禁卫都选自蒙满八旗的“自己人”。然而步入中晚期之后，清朝也遇到了跟明代一样的问题，八旗劲旅腐化堕落，宫廷宿卫懦弱涣散，给了别有用心之人可乘之机，嘉庆皇帝便成了赶上闯宫事件集中爆发的“倒霉蛋”。

最先向嘉庆发难的是一个四十多岁叫陈德的厨子，此人自幼卖入官员家为奴，数易其主。后因妻子、亲戚相继死去，岳母 80 岁跌成瘫痪，加上两个未成年的儿子需要抚养，生活的压力一下子击垮了他的精神。他哪知道“点背不能怪社会”的道理，总觉得是朝廷负了我！一发狠想拉着嘉庆皇帝同归于尽。

嘉庆八年闰二月二十二这天，陈德早早藏在紫禁城北门神武门旁的小屋，专待嘉庆从外面回宫，手持小刀向御轿冲去，吓得嘉庆一行赶紧往内宫里跑。卫兵们惊得呆若木鸡，竟无一人上前制止。幸亏皇侄定亲王绵恩和姐夫拉旺多尔济舍生与陈德搏斗，随后几个贴身侍卫也慌忙上前救驾，总算制服了陈德。其余百余个卫兵皆作壁上观，不敢上前，事后都遭到了严厉处罚。经过一番大刑伺候，陈德对犯罪事实供认不讳，坦言早已没了活的念头，只求速死，不久被押赴菜市口行刑活剐。

陈德行刺没两年，卫士们又迎来了一次大考，一个中年男子挥舞一杆铁枪硬闯神武门。这回守卫们警惕性很高，立即围而攻之，怎奈这人抖擞神威，被他戳翻了好几个。卫士们最终靠人数优势将其生擒，不想随后的审问中，刺客只道出自己名叫萨弥文便伤重身亡，大家始终也没能弄明白他到底是为啥来的。

决战
紫禁之巅

在乾清宫的西侧，隆宗门上的匾额上竟然插着一支箭镞，这是嘉庆帝生平遇到的最大一次行刺的见证之物。

清代的宗教信仰呈现多样性，各种假借神佛名义的邪教活动也层出不

▶ 战况激烈之时，一支流矢砰然楔入隆宗门匾额上，后被嘉庆皇帝保留下来作为警示之用

▶ 道光皇帝画像

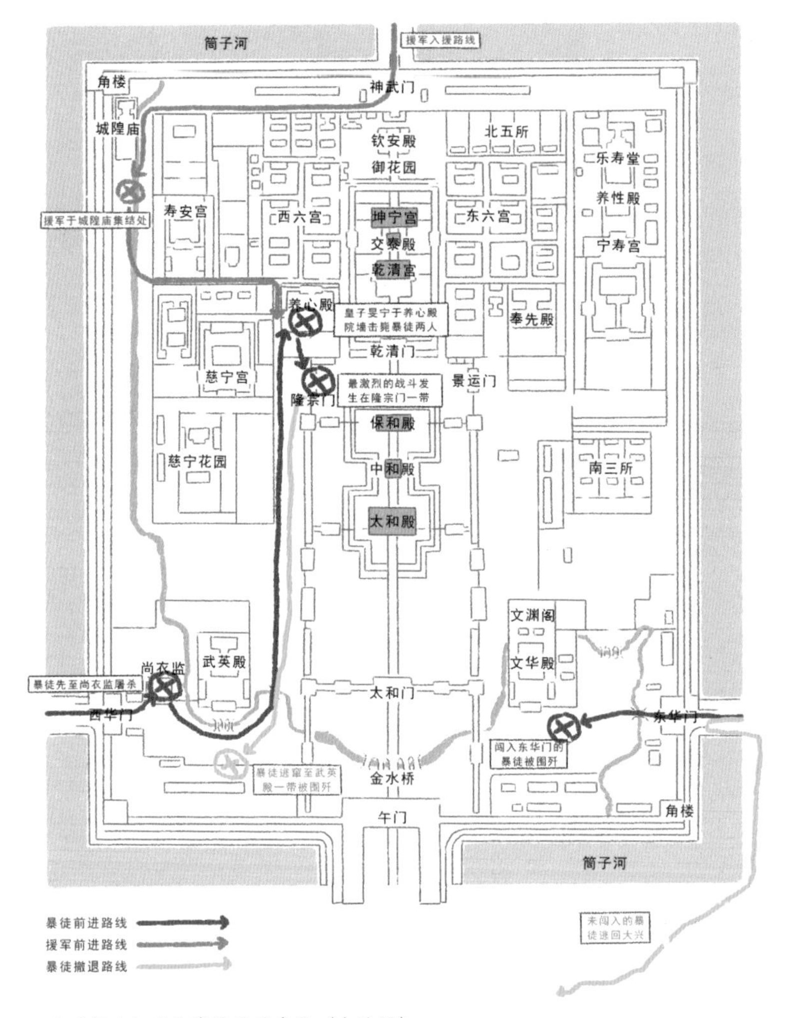

▲ 天理教攻打紫禁城路线示意图（自绘图）

穷，天理教就是其中之一。这个地下结社出现于清朝乾隆、嘉庆时期，教主是京畿人氏林清，他的手段也不甚高明，无非是神佛附体、屡显神通那一套，靠这竟也忽悠了山东、河北数万人入教。

林清和他的几个盟兄弟自封为天王、地王、人王，约定在嘉庆十八年（1813 年）秋在黄河以北多地同时起兵，一举夺取政权。教徒们侦查到嘉庆帝正在避暑山庄举行木兰秋狝，尚在回京路上，准备趁其不备攻打紫禁城。

九月十五日正午，140 余名教徒分为两组，手持明晃晃长刀冲向东华门和西华门，在内应太监的带领下直奔皇帝寝宫。此时嘉庆皇帝还在回銮的路上，后宫群龙无首乱成一锅粥，这时皇次子旻宁勇敢地站出来挑起大梁。他抓起一杆火铳，指挥身边的侍卫和太监集中力量保卫后宫，关闭宫门抵挡叛乱分子。最激烈的战斗发生在乾清宫西的隆宗门，守卫者和教徒进行了一番殊死搏斗，门上的匾额也被射入一支流矢。

千钧一发之际，禁卫军终于赶来，解了后宫之围，将起事的教徒一网打尽。回到皇宫的嘉庆帝惊得目瞪口呆，良久后他提起御笔写了一篇还算诚恳的《遇变罪己诏》，深刻剖析了事变的底层原因，认为是君臣上下“因循怠玩”，也就是没有危机意识、人浮于事，才导致此事件的发生，此后大家应自我反思、共匡正义。最后，他沉痛地写道，“笔随泪洒，通谕知之”。

南中轴上的浮世喧嚣

高大雄伟的前门和箭楼是中轴线的南北分界点。北面是恢宏宽阔的天安门广场，人民英雄纪念碑昂然挺拔，人民大会堂和中国国家博物馆相对矗立；从前门往南望去，视野骤然收窄，一条摩肩接踵的街道直通正南方的永定门，两侧如蛛网般的胡同串联起一座座历史文化建筑，穿梭其间，如入山中深谷。这就是南中轴线的核心部分——前门大街和天桥大街。从清朝中期开始，这里就是北京城内主要的商业街区，“大栅栏”便位于此地。这条南中轴线上，曾经活跃着京剧名伶“同光十三绝”“天桥八大怪”等，今日其余韵回响仍绕梁不绝，更不消说流传着多少才子佳人逸谈的“八大胡同”。

前门戏园始末

戏剧可以说是古代的流行歌曲，上至公卿下至黎庶都能哼上两句。清朝中前期京城里尚未流行京剧，上层贵族们喜好吴侬软语吟唱的昆曲，着重词句优雅唱腔柔美；底层百姓则嗜好秦腔，图的是高亢激昂的唱腔和群情激荡的气氛。1790 年安徽“三庆班”为给乾隆庆寿进京，此后四喜、春台、和春等徽班陆续而来，一直延续到嘉庆年间，史称“四大徽班”进京。独特的徽调唱腔和繁多的剧种一下子丰富了

正乙祠戏楼

天乐园今日仍承担着一些戏剧类演出

三庆园现在是德云社的演出场地

传说康熙皇帝也曾到名戏园“广和楼”微服看戏

中和戏院前身是著名的中和园，现已停演多年

京城官民的娱乐生活，徽班逐渐融合了昆曲、秦腔和其他地方戏剧特点，催生出了“京剧”独霸京城。

众所周知，老北京们嗜茶如命，城内茶园遍布，老舍先生著名的戏剧《茶馆》便是以此为背景绘出了数十载的社会变迁。说起来，京剧的戏园还要叫这些茶园一声“祖宗”。清代客人们在茶园喝茶聊天，没有音响设备和 DJ 来调节气氛，老板们便请来伶人演唱助兴，只收茶资不收看戏钱。那时的伶人只是茶饭之余的陪衬，戏台下一张张方桌或圆桌，客人们一边听着戏，一边围着桌子喝茶吃点心。正对着舞台的方桌称作“池座”，以正经吃茶聊天的为主；周边一圈稍远的称为“散座”，反倒坐着真正来听戏的观众；二层楼上还设有包间，甚至还有沿用至今的专供现场官府监督员的“官座”。后来随着几位名伶大腕唱出了名堂，专门慕名听戏蔚然成风，很多茶园便顺势改成了戏园，里头的座位也从茶桌换成了更利于观赏的排座。

这些茶园和戏园多开在南城，因清朝时将北城赐予八旗军士，为保八旗尚武精神，禁止在内城开设戏园、赌博、娼馆等声色犬马的娱乐场所。为了招徕这些吃皇粮的“铁杆庄稼”，很多戏园便开在了内城正阳门的当口，八旗老爷们出门便到。清末民国间前门大街的东侧有广和楼、天乐园、裕兴园；西侧有广德楼、三庆园、庆乐园、中和园、同乐园，你方唱罢我登场。另外两个内城门崇文门和宣武门外也有几家戏园，但位置不如中轴线上的前门大街，一直经营得不温不火。

前门西河沿街上，有一个看似普通的门脸，上书“正乙祠戏楼”，走进院内，竟深藏一座二层戏楼。正乙祠戏楼始建于明代，是中国历史上第一座室内剧场，被称作“中国戏楼活化石”。但是，这种传统戏园的内部格局比较昏暗、闷热。古代听戏可没有风扇和空调，人一多就挥汗如雨，伙计们便发几条公用的湿热毛巾，让观众依次传着擦脸，既不卫生又影响观众体验。1914 年，京剧名武生杨小楼、名旦姚佩秋与商人集资兴建了一座新式戏院“第一舞台”，采用了国际流行的建设方式，在北京首家使用环形折叠式排椅，改方形舞台为椭圆形舞台的戏园子。剧场建成后，众多名角争相在此登台献艺，甚至可以将马和汽车搬上舞台，一时引得万人空巷。

可惜几位合伙人矛盾重重，混乱的管理很快让剧院陷入入不敷出的窘境，最终于 1937 年一场意外大火中化为一片瓦砾场。第一舞台称得上是敢为天下先，虽然过程和结局以悲剧收场，却带动了京城新式剧院的发展，后来的开明戏院、真光戏院均吸取了教训，终于实现了良性发展。

随着时代的变迁和影视艺术的蓬勃发展，昔日的“国粹”走下神坛，曾经风光无两的戏园纷纷改头换面，成为当铺、服装店、咖啡馆…… 近年随着传统文化的复兴，三庆园、天乐园等老派戏楼得以重修，作为曲艺演出和文化教育基地而重新焕发了生机，前门大街上又响起了悠扬跌宕的戏腔声。

同光十三绝

光绪年间，名画师沈蓉圃以一支生花妙笔闻名京城，找他画像的达官显贵如过江之鲫，但沈为人心高气傲，不肯轻应。一天，他应朋友之邀到一家古玩店看新到的货，发现店中已有十三人在那里品鉴。经店家引荐，方才知道这十三位都是当时的梨园名伶。朋友抱歉道，这些名家久仰沈先生大名，贸然登门拜访恐生唐突，便托朋友择机代为引荐，今日特恭候于此希求一幅画像。于是沈容圃慨然应之，但也道明只能画一幅群像。

一个月后，沈拿出了一幅工笔重彩写生戏群像《同光十三绝》。画中，

▲ 真光戏院曾与开明戏院、新明大戏院并称为北京 20 世纪 20 年代的三座新式剧院，现为中国儿童艺术剧院

这十三人神采奕奕，身着老生、小生、青衣、花旦、丑角等戏装，均是饰演过的戏中角色。此“大合照”一出，引得京城百姓慕名观看，将十三名艺术家捧上了京剧神坛的巅峰，后人提到京剧的鼎盛期，必然绕不过这十三人。此画几经辗转，现在收藏于北京西城区护国寺街梅兰芳纪念馆。

图中人物从左至右：郝兰田饰《行路训子》之康氏；张胜奎饰《一捧雪》之莫成；梅巧玲饰《雁门关》之萧太后；刘赶三饰《探亲家》之乡下妈妈；余紫云饰《彩楼配》之王宝钏；程长庚饰《群英会》之鲁肃；徐小香饰《群英会》之周瑜；时小福饰《桑园会》之罗敷；杨鸣玉饰《思志诚》之闵天亮；卢胜奎饰《战北原》之诸葛亮；朱莲芬饰《玉簪记·琴挑》之陈妙常；谭鑫培饰《恶虎村》之黄天霸；杨月楼饰《四郎探母》之杨延辉。

其中影响最大的当属如下几位：

▲《同光十三绝》画作荟集了晚清京剧名角

程长庚（1811—1880年）：擅长饰演老生，被誉为“京剧鼻祖”“京剧之父”，是京剧的十三位奠基人之一。

杨月楼（1844—1890年）：他体魄魁梧，嗓音洪亮，文武皆能，是许多少女心目中的偶像。有一富商之女愿以身相许，甚至私闯其宅院，与杨月楼私定终身。杨月楼还因此被人上告到官府，说他拐卖少女，由此引出晚清“四大奇案”之一的“名伶杨月楼冤案”。

刘赶三（1816—1894年）：擅饰丑角，因其艺高常被多处邀请，一天内在三个戏班赶场演出乃为常事，为此被讽为“赶三”，他非但不介意，反而以“刘赶三”为艺名。

酒旗戏鼓
天桥市

今日从珠市口路口向南，前门商业街的喧闹声逐渐散去，很快就会走

到著名的“天桥”。

天桥在明代还是一片旷野湖泊，是士大夫们冶游修禊的郊野公园。清初，内城汉人被驱逐出来后始有人烟。后来湖泊萎缩干涸露出大片土地，人口逐渐聚居稠密，低等级的汉人官员为了性价比而安居于此，平日里进京办事的地方官员、做买卖的行商货郎，很多都会选择在这里住店歇脚，久之便形成了集市场、饮食、娱乐一体的烟火之气，与北面的前门大街遥相呼应。

明清两朝，这里原本确有一座汉白玉拱桥，南北方向横跨老舍先生笔下的臭水沟——龙须沟。它因天子经前门大街祭天坛、先农坛时必经此路而得名，后经多次改建，至 1934 年全部拆除。

如果说，南中轴北段前门大街的各路戏园子唱的是达官显贵和富人钟情的“阳春白雪”，那天桥一带上演的则是底层百姓喜闻乐见的“下里巴人”。这里聚集了一大批杂耍卖技的江湖艺人，他们不需要什么高档的戏园，也不用多少行当，披个破烂麻布衫，大街边上寻空地、洒白灰、画一个圈，“撂地”就是舞台，靠自己的技艺绝活乃至自黑自残，在尘土飞扬的街道上上演一幕幕人间喜剧。

清末民初，天桥地区会集了数不尽的民间杂耍艺人，其中最为人所知的当属“天桥八大怪”。细说起来，这并不止八个人，而是有前后三代“八大怪”，包罗了纯人力的杂耍、口技，带小动物的驯蛤蟆、驯狗熊，甚至带点科技含量的拉洋片。

他们的姓名多已失考，从民间给他们取的诸如常傻子、田瘸子、赛活驴

▲ 一块块牌匾是一座座老店的墓碑，多少繁华消逝于激荡的历史中

这些外号，就能看出当时民间艺人地位之低贱。更悲哀的是，尽管不悦，艺人们对这些名字只能拿来接受，舍命挣几个打赏钱，哪还顾得上尊严！真是一部天桥史，底层辛酸泪。

当时的天桥杂技包罗万象，但分布零落。民国初年有老板们寻求突破，建造多层大厦，将娱乐项目和餐饮购物等统统纳入其中，游人买票进一次门即可观看杂技、曲艺、戏剧等所有演出，饿了累了足不出户便能吃饭购物，可以说是北京最早的“巡游式商业综合体”。当时天桥有两大知名商场“城南游艺园”和“新世界游艺场”，二者开始着实热闹了一阵子，但好景不长，前者由于建筑坍塌砸死了名流小姐收入大跌，后者在 1928 年国民政府南迁后失去了重要客流而关门倒闭。一次转型尝试就这么虎头蛇尾地收场了，只留下城南游艺园的四面钟楼复制品，立在天桥大街西面供人凭吊。

▲ 民国时期天桥繁华的标志“四面钟”，如今茕茕孑立于冷清的广场上

▲ 复建的天桥纤细柔婉，独有一番韵味

当说唱
遇上相声

“中国有嘻哈”的说唱鼻祖非相声莫属。现代相声要从天桥八大怪之一的“穷不怕”朱绍文说起，他擅说单口相声，后收了两个徒弟，两人一个说一个捧，成了今日对口相声的前身。

除相声外，天桥另一个深受普罗大众喜爱的艺术是“落（lào）子戏”。这个剧种脱胎于河北农村庙会中唱的“莲花落”，表演者一人独唱或两人对唱，内容活泼，亦歌亦舞，题材包含脍炙人口的民歌风情，因在演出中多采用大鼓和梆子配乐，也曾称为“大鼓戏”“梆子戏”。

后来这种戏传入北京。由于当时的京剧没有女演员，旦角都是男性扮演，而落子戏则男女不限，因此不少听腻了男腔的客人都慕名而来。一来二去，敏锐的商家发现了机会，找了很多才貌双全的歌女甚至是青楼歌妓担任演员，后来竟至于整个剧团都只有女歌者，上演落子戏的落子馆也被称为“乐（lào）子馆”，实属一语双关。

落子戏出身的评剧表演艺术家新凤霞，代表作有《花为媒》《杨三姐告状》。她的一生跌宕起伏，从旧社会贫贱的流浪儿逐渐成长为名噪一时的歌女，新中国成立后加入了艺术团获得新生，却在动荡年代遭遇不公待遇以致脑血栓偏瘫。但她没有自暴自弃，坐在轮椅上给弟子、学生说戏，示范演唱，克服行动的不便，多次到剧场观看学生的演出以鼓励和提携后人。

落子戏的歌者鱼龙混杂，不少还是京剧戏班里不成才半道改行的，内容也很多低俗淫猥，因此长期被上流社会和京剧名伶排斥。幸运的是，在很多正派从业者的努力下，这个剧种逐渐脱离低级趣味步入正轨，甚至在民国时能与京剧扳扳手腕。北伐后，“国民政府”将首都迁回南京，北京易名

▲ 旧社会时相声演员能在广德楼这样的戏楼登台献技简直是天方夜谭

北平，落子戏自称“平剧”，有与“京剧”平分秋色之意。这一来惹恼了京剧名伶们，在李大钊的调解下，给左边加了个“言”字旁，从此有了我们耳熟能详的“评剧”。

相声在旧社会的际遇与落子戏相仿，甚至更低人一等。从业者曾自嘲道，别人说自己是“下九流”都得感谢人家抬举。那今天的情况呢？你看前门著名的“广德楼”“三庆园”两大老字号戏园，都被德云社给盘下来说相声了，兴衰更替不言而喻。

如今天桥一带旧貌换新颜，饱经风雨数百年的杂乱场地被整齐划一的商业、住宅建筑取代，酒旗戏鼓无所不包的露天市场消失在了历史的尘埃中。新老艺人们现于大街西侧的天桥剧场登台献艺，为继承文化遗产、繁荣北京文化生活继续贡献艺术生命。在天坛南门剧场，也可以看到老北京天桥艺人的绝活表演，这可都是真功夫，每个环节都有台下互动，并且大部分都已经失传。

北京市政府致力于复兴天桥民俗文化，在往昔天桥的标志四面钟周边打造了“天桥印象博物馆”和“天桥市民广场”，北侧绿化带上树立起了“天桥八大怪”的塑像作为时代的旧影，一度拆除的汉白玉“天桥”和御制石碑，也重建于马路中央的步行道上。

八大胡同
低吟浅唱

如今天桥一带旧貌换新颜，饱经风雨数百年的杂乱场地被整齐划一的商业、住宅建筑取代，酒旗戏鼓无所不包的露天市场消失在了历史的尘埃中。新老艺人们现于大街西侧的天桥剧场登台献艺，为继承文化遗产、繁荣北京文化生活继续贡献艺术生命。在天坛南门剧场，也可以看到老北京天桥艺人的绝活表演，这可都是真功夫，每个环节都有台下互动，并且大部分都已经失传。

前门大街西边至今仍有一大片弯弯绕绕的胡同，进去的人无不被里面杂乱无章的摆设和电线线路震惊，这便是旧社会时代赫赫有名的“八大胡同”。这里早已告别了曾经的脂香和铜臭，退化成普普通通的几条丑巷。古旧的大门内，曾经声色犬马的勾栏教坊拆改成了现在凌乱的大杂院。

八条胡同包括百顺胡同、胭脂胡同、韩家潭、陕西巷、石头胡同、王广福斜街、朱家胡同、李纱帽胡同。

古往今来，勾栏教坊中，多少才子流连忘返，也有几位女中豪杰，能在青史上留下不逊于男性的一笔。赛金花就是这么一位奇女子。当年，“八国联军”侵略者进入京城后烧杀淫掠，八大胡同这种烟花柳巷自然更是逃不过他们的魔爪。

一日，士兵们在胡同里胡作非为，突然赛金花款款走来，竟然用德语让士兵们住手，随即还拿出了一张照片，正是与德国皇帝皇后的合影。士兵们心中一惊，不知道她是何等人物，慌忙道歉退出宅院，并汇报给当时的联军统帅德国人瓦德西元帅。瓦德西一听也觉奇异，派汽车接这个妇人来到自己在紫禁城边上的指挥所。

原来赛金花曾是驻德公使的夫人，在德国与瓦德西元帅还有过一面之缘。塞金花樱口频开，大谈旧日交情，并成功劝阻瓦德西收敛暴行。百姓们为了感谢她解民倒悬的义举，尊称其为“议和大臣赛二爷”，几与那庙中端坐的武圣人“关二爷”并称，后把她越捧越高，直至称为“九天护国娘娘”。洪钧的学生曾朴甚至将这位有胆有义的师娘写入著名小说《孽海花》中作女主角，令她名传华夏。惜哉佳人命途多舛，20世纪30年代赛金花于穷困潦倒中病逝于天桥居仁里。

另一位有古侠义之风的当属小凤仙，她的故事同样传奇跌宕。民国初年，云南爱国将领蔡锷被欲图称帝的袁世凯困在北京，为表现胸无大志而故意流连于八大胡同。期间，小凤仙与他一见如故两情相绻，故而为蔡百般遮挡，巧施脱逃之计。临走前蔡锷承诺道，打败袁世凯后就回来接小凤仙。然而这一走，小凤仙等了一生，也没再等来蔡锷。小凤仙的传说在民间广泛流传，脍炙人口，其爱国义举先后编成电影、电视剧。

小凤仙所在的云吉班旧址，这座貌不惊人的小楼中竟上演了那出蔡将军金蝉脱壳的奇遇

天桥八大怪之一的王小辫“耍中幡”雕塑

陕西巷深处这座饱经沧桑的小楼曾是名妓赛金花的营业场所

▲ 京韵园的一景一物似乎都在诉说着自己和京剧的渊源

▲ 漫步“京剧发祥地”，京韵园古色古香、京韵十足

八大胡同地区见证了一段历史的繁荣与覆灭，也见证了京剧的形成与发展。城市总在更新中发展，这里遗存的历史建筑大都已成为民居杂院。京韵园位于北京西城区大栅栏的西南角，其所在地百顺社区就是梨园名角聚集之地、京剧文化荟萃之所。这片地块原属于纪晓岚故居西跨院，1931 年梅兰芳等人曾在此处成立北京京剧学会，京剧文化氛围极其浓厚，充分发挥其独特的文化价值，焕发出新的文化魅力。

03

流行千年的寺庙文化

江湖上盛传着，“想拿 offer，去卧佛寺”，只因卧佛谐音“offers”；考研上岸，去灵隐寺，寺内有保金榜题名的普贤菩萨；事业成功，去雍和宫，雍正经历了九子夺嫡，是“搞事业的王者”，悠久的信仰在新的时代重新绽放。古往今来，宗教信仰给予人们精神上的寄托和慰藉。为了“请”这些神明下凡护佑，中轴线上建造有多达数十座庙宇，从祈祷国泰民安、保佑生意顺利，甚至到提升生火做饭的技术，一应俱全。

娘娘的愤怒

位于中轴线北延长线上的奥林匹克公园组团中，奔放夺目的鸟巢和造型独特的水立方比邻而居，往北是庄重大方的国家会议中心，这些宏伟威严的现代建筑是中国国际化建设的不朽成就。远道慕名而来的游人们穿梭于高大的丰碑之间，惊叹之余也不难发现，水立方的南侧竟有一座红墙黄瓦的小庙，沉静地坐落于一众现代建筑之中。

这座位于城北的“北顶娘娘庙”始建于明宣德年间（1429—1435 年），主保家庭和睦、子女安康。女神仙素以慈祥和蔼著称，但她也有被惹动肝火的时候，发起怒可谓是

▲ 北顶娘娘庙的传奇经历对于老北京来说耳熟能详，吸引了信众络绎不绝地赶来膜拜

天惊地动……

民间传说，当年为了兴建奥运场馆，城北郊进行了大刀阔斧的改造。按规划来说，水立方原本应该和鸟巢中心相对，北顶娘娘庙必须拆除让路。2004 年 8 月的一个下午，一众工人携带轻重装备准备撸起袖子拆除娘娘庙时，本是晴朗的天空突然狂风大作，将整个工地被吹得一片狼藉，造成多名工友受伤，但风暴中心的北顶娘娘庙却无一砖一瓦的损失。相关部门邀请了“民俗文化专家”进行实地考察，大呼不好，原来是施工惊动了碧霞娘娘。最终，相关部门决定保留这座明朝娘娘庙，将水立方向北移一百米，于是有了如今我们所见的不太对称的“水立方”和“鸟巢”。

▲ 这座大雄宝殿是流亡内地的九世班禅于1927年募资重建

又见活佛

中轴线北延长线的鼓楼外大街上，有个地名叫“黄寺大街”，街边上有座红墙黄瓦的寺庙，这便是西黄寺。其实西黄寺还有个比它大的“哥哥”，两者并称“双黄寺”（藏传佛教也被称为黄教，故“双黄寺”是指东、西两座藏传佛教寺庙）。目前，只有西边一座。

东黄寺又名普净禅林，建于清顺治八年（1651年），达赖喇嘛五世在当年12月来京时居住于此。西黄寺比东黄寺稍晚，建于顺治九年（1652年）。双黄寺建成后，多次接待来自藏传佛教的高僧，来京觐见的蒙古贵族和藏传佛教的僧侣几乎必到双黄寺朝拜。乾隆四十五年（1780年），班禅额尔德尼

▲ 西黄寺本有两座院落，现只剩清净化城塔所在的塔院保存下来

六世来京，乾隆指定把将西黄寺作为其驻锡地（僧人出行往往拄着根长杖，其杖头部是以锡制成，叫作锡杖，故僧人住址被称作“驻锡地”），不料班禅当年竟圆寂于此。

西黄寺不仅是佛教文化的重要载体，也是中华文化多元性和包容性的体现，是各民族像石榴籽一样抱在一起的象征。步入寺内，不难发现，建筑融合了汉式和藏式的元素，展现了不同文化之间的交流和融合，虽已不复鼎盛时期全貌，却幸运地保存了整体格局和主要建筑。其中，大雄宝殿和天王殿等建筑的结构和装饰都体现了汉式建筑的精髓；而北端的藏式罩楼则展现了藏式建筑的独特魅力，不时在院内踱步的喇嘛更是增添了源自雪域高原的神秘感。

西黄寺中最著名的建筑当属六世班禅的衣冠塔“清净化城塔”。这是一座罕见的“金刚宝座塔”，由一座主塔和四座小塔撮合而成，塔的台基下有个“彩蛋”——班禅大师的指印。

西黄寺后现有一座“中国藏语系高级佛学院”，创立于1987年，是藏传佛教的最高学府。

太监的养老院

位于钟楼路北，素有“龙尾之要”之称的宏恩观，原本是元朝时期建造的千佛寺，梵音袅袅数百年。到了光绪年间寺院住持由于经营不善，想将庙产撒手卖给洋人套现。不料这一计划被内务府郎中厚安给搅黄了，他的理由很简单：此地是“龙尾之要”，安能卖给外国人！住持只得另寻买家，“大义凛然”的厚安不日便成了宏恩观的新主人。

厚安拿到地契后，转手孝敬给了上司内务府副总管刘诚印，后者对其重修扩建，更名为“宏恩观”，自任开山掌门。相比原住持的惨淡经营，颇具经济头脑的刘掌拓宽了道观的业务范围，办起了“太监养老院”。宫中的太监无儿无女，老来出宫无处投奔，这养老业务一开便引得不少太监前来，道观赚得盆满钵满。

又过了些年，清朝灭亡，太监这个工种自此取缔，观里一下子失去了大主顾。道人们一番计议，又想出了新的营生，叫作“庙产兴学”。于是乎，一座“私立广益小学”在观里挂牌成立，广招生源，不数年还在蓝靛厂

▲ 不同的年代，宏恩观承载着不同的功能

开了分校，足见经营得当。

20 世纪 50 年代以后，人民政府征收庙产，将其改作北京市标准件二厂的厂址，金丝楠木的大殿改造成了红砖厂房。90 年代工厂迁出，宏恩观改为辐射一方的菜市场。2004 年，文莱华裔建筑师将宏恩观的一部分进行改造，使那里成为文艺青年的聚集地。

▲ 重装上阵的宏恩观内部焕然一新

2022 年，政府陆续对中轴线上的文保单位进行清理，对宏恩观启动了保护性修缮工程。两年之后的春节，整修一新的宏恩观化身“网红”，得到了新的身份——中轴线文化博物馆。馆内除了布置有中轴线、宏恩观历史文化展览，还开设有文创店、书店以及“网红”打卡地“北京中轴线主题邮局”。

“网红寺庙”火神庙

在北京城众多火神庙中，位于北中轴线上的“敕建火德真君庙”应该是香火最旺的。这座庙位于什刹海东沿玉河故道北岸，几乎卡在中轴线上。庙宇并不很大，但五脏俱全，前后三进院落，有大门两座，正门朝东开，反倒是侧门开在南面正位上。游人进了门会惊奇地发现，虽叫火神庙，里头的神祇却是五花八门，还供奉着天官、地官、水官三官大帝，真武大帝，斗母真君等一干神仙。普罗大众认不得这许多神祇，便依次烧香拜过去，万不敢失礼遗落了哪位大仙。当然最受膜拜的必属财神殿、月老殿这两大玄学“当红炸子鸡”。除此外，东路偏殿中还有座罕见的“狐仙殿”，那魅惑了多少好男儿的狐狸精竟然也收获了一众名媛少女的膜拜。

中轴线上还有一处“最小”火神庙。前门大栅栏旁边有一条门框胡同，从清朝开始就是十分繁华的老北京风味小吃一条街，北京最小的“火神庙”就立在这条不过盈尺的街道上。庙为微缩版的歇山顶水泥构筑，正中有一块写着“火神庙”三字的匾额。巴掌大小的迷你屋顶上，鸱吻、脊兽、骑鹤仙人应有尽有，可以说是麻雀虽小、五脏俱全。

这个庙建的位置好啊，恁谁通过都得低头，相当于给神仙行了个鞠躬礼，积个小小的功德。相传光绪年间大栅栏发生火灾烧成一片瓦砾场，单单这片胡同在一片火海中苟全下来。后来周边的商户为了保平安，纷纷来此祭拜摆上贡品，今日门框上仍能见着供奉的小额硬币。

今日北中轴一带，星罗棋布的庙宇拆的拆关的关，什刹海火神庙成了硕果仅存的允许烧香的庙宇，故而吸引了大批善男信女前来膜拜，久而久之

▲ 号称“京城最灵验”的什刹海火神庙

竟然浪得一个“京城最灵验寺庙”之称。青年男女们拿着几块钱的细丝香，求着几百万的愿。

锁不牢的
八门金锁阵

有清一代，流传下来不少宫闱秘事，篡位疑云便是著名悬案之一。官场民间暗地传说，雍正在康熙驾崩那天伙同九门提督隆科多偷偷改了密诏，将“传位十四子”加了一笔改成“传位于四子”，篡夺了弟弟的皇位。可能确实心里有鬼，雍正帝在即位后便把功臣隆科多灭口，对兄弟们进行了残忍

◂ 门框胡同里北京最小的火神庙

的迫害，还破天荒写了一本《大义觉迷录》来向天下解释自己根本不是篡位。他还有严重的不安全感，整天疑神疑鬼，寝宫外的侍卫比别的皇帝要多几倍，日夜严阵以待，生怕有刺客找上门来。除此之外，他还在皇宫外沿用或新建了八座庙宇来张开结界，按照八卦顺序排列，民间称为“八门金锁阵”。当然，这只是民间流传的说法，而非历史的真相。几座寺庙对都在皇宫之外，故俗称“京城外八庙”。

现在的八座寺庙，故宫东路有三座，为宣仁庙、凝和庙、普度寺；西路有五座，为福佑寺、万寿兴隆寺、昭显庙、静默寺和真武庙。其中，真武庙、宣仁庙、福佑寺、凝和庙、昭显庙分别祭祀真武大帝和风雨云雷四神；万寿兴隆寺也称“太监寺”，兼作退休太监的养老院；静默寺曾做过关帝庙，相传大殿内曾供有关公的青龙偃月刀；普度寺则更有来头，是由睿亲王多尔衮的王府改建，又名“玛哈噶喇庙”，里面供奉来自印度的战神“大黑天神”。这八座寺庙兼容并包，有主持风调雨顺的道教神灵，也有负责轮回转世的佛陀菩萨，有中原神仙、番地喇嘛，还有源自印度教的大黑天，极大满足了京城百姓多样的精神需求。

说来还有个插曲，原本这八座寺庙是按方位对称排列的，本不包括西边的真武庙，而是在东北角另有一座颇具满族风格的“马神庙”。满族起自关外，以骑射起家，入关后仍然对管理坐骑的马神顶礼膜拜，雍正帝的时候沿用了明朝时期建在皇宫东边的“马神庙”。等到乾隆年间承平日久，八旗子弟早就坐不了硬绷绷的马鞍子了，马神庙自然是门前冷落鞍马稀，乾隆皇帝一看这寸土寸金的地方不能浪费，大笔一挥赐给女儿和嘉公主改为府邸。公主死后，府邸被内务府收回，淡出了人们视野，等到它再次粉墨登场，则是作为京师大学堂的教学楼，引领了另一段激情岁月。

马神庙被赐改为公主府后，为了凑够这八座寺庙，皇宫西南的一座小型真武庙被抬出来凑数了。

中轴线上的庙会文化

提到寺庙，不得不提集祭祀、娱乐、购物于一体的“庙会”。从名称便可知晓，它与寺庙脱不开干系，其活动由来已久，可以上溯到春秋战国时期祭拜社稷土地神灵的仪式，现在很多地方仍称之为“社火”。庙会的场地一般集中在寺庙周边，日期上也会选用方便记忆的神仙佛爷生辰或是春节、中秋等其他吉日。在古代精神、物质双匮乏的年代，庙会是普通百姓尤其是小孩子们难得的休闲娱乐活动。

时移世易，随着北京城市建设的发展，前门一带建筑格局和人口密度变动很大，往日作为庙会会场的关帝庙被拆除，珠市口灯会也由于火灾隐患较大而停办，成为市民心中的缺憾。近年来，经过政府和民间的多方努力，作为“中轴线上过大年”的组成部分，前门西南的北京坊重启夜间景观，点亮百年灯街，营造出浓厚的节日氛围。除了灯会，南中轴线上久违的庙会也得到复兴。历史悠久的厂甸庙会一度停办三十余年，在 21 世纪初得到恢复，并在 2006 经中华人民共和国国务院批准列入第一批国家级非物质文化遗产名录。

天街梦华：正阳门庙会

正阳门庙会历史悠久，甚至可以追溯到元朝。明朝时，皇帝下旨在瓮城内建造关帝庙，吸引了众多祈福许愿的信徒。此地的庙会每月初一、十五两日举行，以农历正月迎春庙会最为盛大，正日子前后的零散活动会持续几近一个月。

除却白天的热火朝天不说，正月庙会还是妇女们难得的解放日。旧社会的妇女缠裹小脚，被限制出行，讲究“大门不出，二门不迈”。唯有在正月十五上元节这天晚上，妇女们可以名正言顺地夜晚出门。她们三五成群，以一人持灯打头，游行到京城城门门楼子下，对着门板上的金色门钉上下其手。这活动称为“摸门钉”，是为了祈求早生贵子。

“京城外八庙”之一的福佑寺

万寿兴隆寺也称“太监寺”，兼作退休太监的养老院

普度寺由多尔衮的王府改造而来，彷徨的王霸之气扑面而来

福佑寺西牌楼精美的彩绘和蟠龙雕像

▲ 前门地区最繁华的商业街当属“大栅栏”

东风夜放花千树：珠市口灯会

明清两朝亦承宵禁之政，喧闹不安的都市一入夜便成了漆黑寂静的静域。各个胡同口用木栅栏横锁禁绝，其中前门一带的栅栏体型最为硕大，留下了“大栅栏”这个称谓。只有正月十五上元节这几天才会暂停宵禁举办灯市，这几日是百姓期盼自由、挣脱桎梏的集中爆发，各个阶层无不欢欣鼓舞。

北京灯会历史悠久，明初设在皇宫午门前。到了上元灯市这几日，百姓来此聚众赏灯，人来人往中会产生很多不安全因素，几年后灯市迁到紫禁城东华门外举办，也就是今日“灯市口”地区。清代内城禁止娱乐活动，灯市再次迁址，这次又回到了中轴线上，到了前门大街上的“珠市口”一带。每年正月初八，人们就开始布置会场，将镂冰灯、鳌鱼灯、走马灯、莲花灯、春灯谜之类花灯悬挂起来。初十到十六正式开市，期间商贾云集、游人如织，最高兴的当属小孩子们，他们早就迫不及待闯入那个光怪陆离的世界了。

马作的卢飞快：南顶跑马会

由于场地限制，城内的庙会多为游街形式，磕头上香、看点杂耍、吃些小吃，人挤人游走一圈也就完了，总觉不太尽兴。城外的庙会得益于四野宽旷，因而能够容纳大型设施，聚集海量人群，发展成为特色娱乐嘉年华。旧时，永定门外南中轴上有座“南顶娘娘庙”，是北京的“五顶”之一，那里的庙会可谓别开生面。明清时候，城南是一片湿地旷野，由于人口稀疏、地面平旷，便成了赛马竞速的好地方。庙会每年五月初一开始，一直持续到当月十八，期间游人麇集，铺席听曲，好个神仙生活。在这尘世喧嚣中，万人期待的跑马盛会拉开帷幕。

清朝时，京城居住着不少骑术精湛的满蒙骑士，这种赛事怎么少得了他们披挂上阵？养尊处优的王公贵族们也有不忘大清创业根本的，平日苦练骑射本领，专等跑马会上一显身手。自古逢赛必赌，赛前人们对中意的御者和马匹进行押注。一声号令，骏马如离弦之箭，引得围观群众竭力嘶喊。

这么热闹的赛事终于闹出了乱子。光绪年间，由于秩序混乱、斗殴伤人，且影响永定门交通，赛事被官府宣布禁止。到了1900年庚子国变，南顶娘娘庙也被八国联军焚毁，这一带自此衰败下来。

品尝京味儿

北京曾被评为“全国美食荒漠”的榜首，喜好者觉得其味道荡气回肠、余韵不绝，不喜者称其油腻粗糙、一言难尽。其实，那是你没找对地方。

北京美食名目繁多、不可计数，不熟悉的朋友们可以阅读下梁实秋先生关于北京小吃的文章，那生花妙笔中吐出的不是墨水，而是诱人的色香味；实在看不下去文章的，可听一下贯口相声名篇《报菜名》，里面一口气列举了几十种北京常见的点心菜肴，从中首先有个感性的认识。

独特的“京味儿”

大多数的京城食品有其共通的工艺、口感可循，简而言之，就是一味油、一味齁、一味怪。

“油”说的是北京小吃大多是油炸食物，如炸糕、炸灌肠、炸酱面、炸咯吱盒之类，一听这名，顿觉浑身脂肪迸发出愉快的共振。深得周总理厚爱的北京烤鸭便是一例。从烤炉里捞出来的鸭子浑身上下闪烁着明晃晃的油光，切下脆皮送到齿间一碰，有种汽油弹爆炸般的快感。这么多脂肪膏腴吃进口中，得搭配利口助消化的佐餐佳品才行，老北京们自有选择，便是我们熟知的普洱茶。

“齁”说的是北京的点心用糖量往往过于厚重，很多食

发展至今日的炸酱面配菜、调料种类五花八门，充分尊重了食客的选择权

物质匮乏时期，糖耳朵以其重糖口味深受儿童喜爱

便宜坊同为北京烤鸭店的老字号，在改革开放以前，也占据着京城烤鸭的半壁江山

按老北京的习俗，饮用豆汁时往往要搭配咸菜，用来中和酸馊的怪味

物堪称“热量炸弹”。奶油炸糕这种蘸白糖吃的都得算清淡的，蜜三刀、糖耳朵之类的糖油混合物才是“大规模杀伤性武器”，至于给佛爷神仙们上供用炒蜜粘裹成小塔的“蜜供”，几可称为“血糖核弹”。

“怪”这个味道可以说是北京美食中最让人捉摸不透的。卤煮火烧的腥臊和豆汁的酸馊，人们初次品尝往往觉得难以忍受，但此后却难免回味这个刁钻的味道，忍不住多吃几次反而上了瘾。这也吸引无数好奇的游客来尝试一次，要么爱上它，要么唾弃它。

餐桌上的时代变迁

北京的美食还体现了时代的变迁。明清的北京一直占据首都的尊贵地位，但随着晚清国势日衰，人们开始消费降级，那些为达官显贵们服务的饭店酒馆饽饽铺因此门庭冷落，曾经足实足料的美食也几次三番“降维制作”，部分甚至只剩了个挂羊头卖狗肉的名字。

著名小吃“炸鹿尾”向“炸灌肠”的迭代便是一个典型例子。“炸鹿尾（音：以儿）”是满族入关前的一道家常菜，原料采自白山黑水间随处可见的矮鹿。等到问鼎中原后，要再吃这道菜可就难喽，从东北老家到北京路途不便，鹿尾稀缺只够皇室和少数王公们享用。为了满足广大普通旗人的口腹之欲，有机灵的厨子琢磨出一道平替菜肴：将猪五花肉、猪肝等原料剁成肉泥，加入调味料灌进洗净的猪大肠里做成灌肠，上锅蒸熟以后再用猪油炸透。出锅之后的食品绛红酥嫩、焦脆鲜香，切成一截一截后竟与真鹿尾有个七八分相似，这就是北京小吃中“炸鹿尾”的由来。

清朝时北京的点心又称作“饽饽”，据说是来源于满族话中对面食统称，点心店也称作“饽饽铺”

流动摊贩是北京饮食文化的重要补充

在遥远的八九十年代，“果匣子”是逢年过节串亲戚不可或缺的礼品

时代的变迁在“炸灌肠”这道菜上体现得淋漓尽致

▲ 满清入关后，给北京饮食中增添了烧烤类的特色风味

到了晚清国运衰退，旗人消费水平迅速下滑，连猪肉做的假鹿尾都吃不起了，于是灌肠儿中的肉改成了面粉、淀粉、调味料的混合物，猪大肠也降级到了猪小肠，炸鹿尾的名字也不好意思叫了，改称“炸灌肠”。

“鼓”的 Eating

中轴线上最早的美食街当属鼓楼小吃街，曾经在鼓楼周边的大街小巷都是小吃铺，店面多不大，内里昏暗阴翳，摆着几张刷漆面、油腻斑驳的破旧木桌和板凳，冬天时候还会在当中间摆一个炉子取暖。菜单用红、黑毛笔写在柜台醒目处，讲究点的会有几张油墨印刷的纸质单子。那时候物资匮乏，人民收入也不高，本地百姓的点餐多集中在那几个便宜实惠的菜品。

▲ 马凯餐厅曾数易其址，是鼓楼商圈历史变迁的缩影

早些年，外地游客还属罕见，他们衣着言语特别，一进门就被用餐的老炮儿们看出来了。这时要是游客主动请教什么好吃，老炮儿们会真诚热情地介绍哪个实惠、哪个不值当是骗人的，唯恐你白花钱。

鼓楼一带在21世纪初有过一番脱胎换骨的改造，潜藏于幽深小巷中的苍蝇馆子黯然消逝，大洗牌后留下的是以老字号牵头的品牌餐饮，比较出名的有如下几家：

东来顺：涮肉中的扛把子，成立于清末的老字号，在鼓楼大街有一家分店。他家一是羊肉好，都是选自内蒙古锡林郭勒盟阉割过的绵羊；二是刀工有讲究，切出来的肉片“薄如纸，匀如晶，齐如线，美如花”，每个切肉师傅一天只能切30斤肉。东来顺在20世纪50年代公私合营期间还激起了一场“社会主义涮羊肉怎么不好吃”的风波，得到国家领导人的亲自过问

▲ 西洋与中式的混搭是鼓楼周边饮食的一大特色

▲ 东来顺曾在 20 世纪 50 年代经历了一番不大不小的“味道”风波

成为美谈。

门框胡同百年卤煮：位于鼓楼大街上的分店，主打自然是卤煮火烧。由于处在什刹海、南锣鼓巷、钟鼓楼的黄金十字处，生意比大栅栏的总店兴隆得多，店内永远是一座难求。好在师傅切肉的刀法甚快，片刻就能将热腾腾的卤煮呈到桌上。

姚记炒肝：位于鼓楼东，主打自然是炒肝，卤煮火烧和炸酱面味道也不错。2011 年，时任美国副总统的拜登也曾进店大快朵颐，对炸酱面、包子和凉拌菜等美食赞不绝口。

护国寺小吃：该店可以说是外地游客体验庙会小吃的首选，集合了旧时护国寺庙会的平民品种。经典卖品以甜点与主食的跨界融合为主，如豌豆

▲ 没有什么能比一大海碗热腾腾、香喷喷、肥嫩嫩的卤煮更能点燃食客的味蕾

黄、奶油炸糕、糖火烧、焦圈之类，暗黑料理之一的“豆汁”翻牌率也很高。

烤肉季：现如今，旧式烤肉日渐式微，像著名老字号“烤肉季”这样坚持下来的可谓是凤毛麟角。这家餐厅坐落在什刹海的银锭桥边，地理位置得天独厚。与日韩烤肉的文火慢炙不同，京式烤法是将肉片、调料、葱姜蒜等混合在一盆里，置于大锅上爆烈翻炒。吃法也有讲究，分为文吃和武吃。“文吃”就是坐在椅子上吃，“武吃”是食客们站在澡盆大的烤肉炙子旁，光着大膀子，左手擎蘸料碗，右手持长筷子，还要一只脚踏着长条板凳，在美拉德反应散溢的焦香气味中大快朵颐。

前门
美食区

北鼓楼，南前门，这两个区域分列中轴南北，囊括了最具特色的北京传统美食。前门的历史可以追溯到明朝时期，一条前门大街是皇家祭天必经的御道天街，也是进出京城的主要通道。清朝时，前门一带成为繁荣的商业中心，各种商铺、酒楼、茶馆等云集于此，执京城繁华之牛耳。

前门一带餐饮店灿若繁星，游人去了往往难以抉择，一不小心就可能挑个杂牌李鬼，要不怎么说还是老字号比较保险呢。

前门的全聚德烤鸭店、四季民福烤鸭店都是老字号，前者声名在外，后者低调内敛，都是主打以烤鸭为主的一系列鸭零件食品。单说这鸭肉，吃着确实是比一般饭店的酥脆香滑，更难得的是全然不觉油腻。美中不足，毕竟价格摆在那里，这点就比不上边上几家卖“片皮烤鸭”的，店家用卷饼卷好鸭片一份一份卖，花不了几个钱也能品尝京味。

门框胡同百年卤煮号称“北京卤煮的天花板”，总店所在的门框胡同狭窄阴暗，往往被游客错过。好不容易按图索骥摸进去，游客却会惊讶地发现胡同里头竟然一字排开好几家“正宗门框卤煮”，李逵李鬼难以分辨。正宗的那家店排面较宽，临街窗前摆着一大锅在沸汤中翩翩起舞的大肠小肠。

爆肚是北京传统小吃中的一道独特菜品，是将牛羊的胃切成不到一厘米宽的肉丝用沸水焯成。爆肚冯的特点是做出来的成品嚼起来劲脆嫩爽，入口前蘸上他家特色调料和焦香的辣椒油，竟有种嚼鲜脆乳瓜的口感。这家店也在大栅栏门框胡同，一定记住是“爆肚冯”，不是“冯爆肚”“冯家爆肚”，也不是“爆肚二马”。

门钉肉饼与其说是肉饼，不如说是做成矮墩子的煎包子。它的工艺并不复杂，恁谁家都能做，但好不好吃可就看用料和手艺了。凡是馅量足、肉质好，耐心将几个面煎得外焦里嫩“滋滋”作响的，想不好吃都难。由于是用牛肉牛油做的，油水大，容易凝固，所以一定趁热吃方得其滋味绝伦之处。但趁热吃，饼里头汁水多又容易烫着嘴、滋一身油，一定要注意。

▲ 吴裕泰的这款抹茶冰激凌着实供不应求

前门商户众多，如果看着哪家门口排着大长队，保不齐就是这家堂而皇之挂着“老北京吃的米其林”招牌的面馆——方砖厂69号炸酱面。这家店因最早开在南锣鼓巷的方砖厂胡同而得名，后来名气大了枝开叶散，前门大街上的这家分店客流如潮。来店吃的自然是炸酱面，用料作实，价钱不贵，于前门实属难得。辛苦排队的人们不晓得的是，百十米处鲜鱼口胡同里头，还藏着一家分店，那里人少可从容落座。

前门大街上号称“老字号”的店铺商家数不胜数，滥竽充数者亦有之，充其量算个“自称”，到底哪个才是真的呢？北京老字号协会颁发的《北京老字号认定规范》中，对老字号的品牌创立时间等条件和标准有清晰的阐述，但是对于游客来讲，有一个简单的识别方法——通过北京老字号认证的商家将获得老字号独有的集体商标权，看他家是否挂着这个商标就行了。咱就说谁要是获批老字号了，会不挂上？

北京烤鸭吃的就是一个烈火烹油的爆爽

美味好吃的北京烤鸭

一个正宗的门钉肉饼，必然是汁水浓郁、肉香四溢

全聚德

方砖厂 69 号炸酱面是为数不多能够堂而皇之挂上“米其林”招牌的饭店

万春金福的中式下午茶

角楼咖啡

铁手咖啡的名字源自它是国内首家使用拉杆机的门店

新“京式下午茶”

北京生活仪式感的新玩法就是在极致的风景里，享用花式下午茶。故宫引领新时尚，在坤宁门东侧的坤宁东院有家万春金福咖啡店，与御花园仅一墙之隔，坐在古色古香的木椅上，可以看到窗外的红墙金瓦，体验一番古人情趣。故宫角楼咖啡坐落于神武门外，无论是来故宫游玩，还是在筒子河边散步，都可以在这里换个角度看紫禁城。

想不想感受一下 600 多年的“明朝大露台”？开在明城墙上的咖啡店有着得天独厚的地理位置，坐在露台上可以同时领略扑面而来的历史长风和时光交错的旖旎风景。站在城墙上，向东北看，可以看见中国尊等建筑；向西北看，可以看见北京火车站。现代化的复兴号动车组在古老的城墙下面穿行，也是北京城独特的一景。

中轴线上的“网红”下午茶可不仅仅有颜值，口味也是一流的。位于南阳胡同的铁手咖啡是中国大陆唯一入选全球前 50 的咖啡店，穿过若干个小胡同，才看到这个“老干部”风格的门牌，进去之后别有洞天。他家的咖啡以特调为主，创意满满，被称为“北京咖啡天花板”。

逛前门大栅栏的时候，总能看到乌央乌央的人在排队买冰淇淋，原来是老字号吴裕泰。不同于嚣张的雪糕刺客们，个位数价钱的吴裕泰冰淇淋，简直就是“网红”冰淇淋里的一股清流，而且总共就两个口味——抹茶和花茶。简单的颜色搭配吴裕泰的黑色牌匾，很适合出片。

第三章

赏良辰美景，中轴线上的风景

01

漫步昔日皇家园林

今日说起北海上亭亭玉立的白塔，京城市民早已司空见惯，一首“让我们荡起双桨”，更是让全国小朋友在电视上饱览北海公园的柔美与妩媚。而仅仅在百余年前，圈围于皇城高墙内的“三海”和其中的琼岛，还是“仅帝王家可见”。波光浩渺的水面，绿杨烟柳的岛屿，婀娜多姿的水榭，都只为皇帝家族和寥寥几位仆臣而铺陈。至于百姓，只能从遥远深宫中传出的只言片语想象着如画的美景。

“一池三山”的文脉沿革

公元前219年，刚刚统一华夏大地的秦始皇东巡海滨，封禅泰山勒石记功，并广延四方宾客。就在这段时间，有个名叫徐福的方士带给始皇帝一个振奋人心的消息：东海之外有三座仙山蓬莱、方丈和瀛洲，其上有仙人居住，他们手中握有长生不老仙丹，若虔心求访定能求得仙丹献给陛下。始皇帝一听，立马动了“向天再借五百年”的念头，不顾群臣质疑，当即寻得三千童男童女，命徐福率领着去东海求仙问药。

始皇帝还索性在咸阳阿房宫建造出三座山，起名为蓬莱、方丈和瀛洲。

始皇帝苦心孤诣建造的阿房宫在项羽的一炬大火中化为

平地，但建造水上仙山的这一举动，竟成了后世修建湖景的模板，流传两千余年而不息。今日故宫西边的北、中、南三海便是传承。

元代草创
太液池

北京前三海本名太液池，最初是金代皇室的离宫别苑，又名万宁宫。湖中一座琼华岛，上面建有广寒殿，作为金帝携后宫佳丽赏月之所，建造过程中大量使用了从北宋开封城抢过来的奇石佳木，堪称巧夺天工，可惜还没怎么享用就被崛起的蒙古人给夺走了。

后来刘秉忠受忽必烈之命兴建元大都，一眼便相中这浩荡的湖泊和飘渺的岛屿。他将湖泊一分为二，南面连同琼华岛划入皇城称为太液池，北面的留作京杭大运河的终点，称为积水潭。太液池和积水潭自此分道扬镳，前者在此后几百年成为皇室禁脔，演变成“前三海”；后者则成为城中百姓的亲水乐园，演变成“后三海”。

元代的琼华岛曾在大都完工之前短暂成为忽必烈的行宫，在全真教道观基础上改建一座寝殿，仍取金代的旧名广寒殿，大汗多次在此殿进行大朝会。除原有的“蓬莱”琼华岛外，湖泊的中南部另堆出两座小岛，一个是圆形小岛“圆砥”，位于琼华岛之南附会“瀛洲”的意象；另一个则是池南部靠近东岸的“犀山台”岛，后也称“椒园”或“芭蕉园”。这一倾水榭楼阁因位于皇宫的西边，也被称为“西苑”。

▲ 清·张若澄名画《燕京八景图》之一“太液秋风”

▲ 北海公园的落日风光

掌心里的“仙境”

明朝没有开发出颐和园、圆明园等大型皇家园林，皇上要想在理政之余放松一下心情，只能屈尊就近在这方西苑中闲逛。

明朝对太液池最大的改动当属明英宗时期在太液池南部开挖“南海”，奠定今日北、中、南三海的格局。元代的太液池由西山引入活水补充水量，勉强维持住了浩荡的水域面积。元末明初，由于战乱，旧有河道逐渐淤塞断绝，太液池不得不从北面积水潭引水。南海的开挖使得水量更为捉襟见肘，东西方向不断收窄，最终成为一个长条状。

由此，原有的“三山”也发生了变化，北海中海之间的“瀛洲”与陆

▲ 北海大桥原名金海桥，横跨于北海与中海之间，整个桥身如同一条洁白无瑕的玉带，是中国古老堤障式石拱桥的典型

▲ 北海大桥的前身是“金鳌玉蝀桥”，桥两端分别立有“金鳌”“玉蝀”牌坊

▲ 承光殿内部景色

地之间填土连在了一起，不复为一岛屿。明代在其周围围了一圈城墙，改称为“团城”，堪称是中国最小的城池。城内地平面与城墙等高，建有一座十字形平面的承光殿，内有一尊以整块缅甸白玉雕琢、高达 1.6 米的白玉释迦牟尼坐像，颇具南传佛教造像阴柔颀长之风。为保三山的完整性，以新开挖的“南海”中的人工岛“南台”作为新的“瀛洲”。

位于中海东岸的另一座仙山“犀山台”也因水面萎缩和陆地连接起来，更名为“椒园”，明代此处遍植名贵牡丹。后在西边补建一座秀珍孤岛“水云榭”，形成了“一海一山”的体系，著名的“太液秋风”御制碑便安置于此。再往南设置成皇室成员体验田园生活的农业主题乐园，建有不少茅草农舍，种植着稻谷、小麦等农作物，还有一座木制水车供皇帝一家人把玩。

▲ 牢牢占据天际线焦点的白塔是园林美学的经典

▲ 北海公园小西天

▲ 北海公园小西天观音殿须弥山和八角穹窿团龙藻井

乾隆皇帝的“盆景”

清王朝入关后，一改历代新朝拆旧宫的惯例，堂而皇之地“拎包入住”，全部沿用明代的宫殿。清朝初年，西苑琼华岛山顶坍塌的广寒殿旧址上新建了一白色喇嘛塔，京城的著名景观“北海白塔”由此诞生。

对西苑改造最为热心的当属乾隆皇帝。乾隆按照自己的品味来打造这座皇家园林。一台一阁，一山一水，都沉淀着古典园林的营造精华，综合了皇家建筑的典雅华丽、山水田园的悠闲隐逸、儒释道杂糅的深远禅境，具有极高的艺术价值，西苑以此攀上了东方园林艺术的顶峰。

▲ 静心斋内部堆叠了大量形态各异的太湖石

琼华岛以白塔为核心，仿照镇江金山寺“寺包山”的风格，于山坡四个方向都建造独立的建筑群，使得从湖岸任意方向看去都有完整对称铺陈的景观。视线的焦点——白塔像一柱灯塔矗立在平旷的水面上，随着不同时辰的日光变幻出多彩的姿容。倒映在水中的仙山和白塔别有一番韵味，或是潭面无风镜未磨，或是吹皱一池春水，尽显万千仪态。

乾隆还命人从江南运来了大量太湖石，在北海北岸的“静心斋”堆叠出了一座优雅宁静、布局巧妙的“园中之园”。游客甫一入门，就会震撼于径直闯入眼帘的大片怪石，静下心来迈步穿梭于盘桓其中的游廊和曲径，如同进入一座光怪陆离的石之迷宫。

北海北岸静心斋以西，还有数座乾隆为生母太后建造的佛教建筑群，

▲"五龙亭"从昔日的皇家禁脔摇身一变成为大众游玩之所

先是西天梵境，然后是阐佛寺，再是极乐世界和万佛楼。

西天梵境天王殿西侧正殿为大圆镜智宝殿，殿前有九龙壁，是"中国三大九龙壁"之一，长25.52米，高达6.65米，五色琉璃拼成形态各异九龙，现在是北海最著名的打卡点。

向西是建于高台之上的阐福寺，其中的大佛殿曾是当年皇城最壮丽殿宇之一，可惜民国初年惨遭火焚。寺南面的水岸边有五座建筑精巧、装饰华丽的临水亭台，名为"五龙亭"。原建于明万历年间，经乾隆帝一番改造，用曲折的石桥相连接，颇有游龙戏水之势，成为北岸景观的点睛之笔。后来乾隆下江南巡幸，扬州官员为讨好乾隆，在瘦西湖上仿造一座五亭桥，惹得乾隆圣心大悦。

更西则是"极乐世界"建筑群，俗称"小西天"，是乾隆为皇太后祝寿之所。正殿又名观音阁，内有木制须弥山一座，上有罗汉菩萨造像200余尊。大殿为正方形重檐尖顶建筑，殿外四角各建一亭，四面环水，每面水上各架一桥，桥外设华美绝伦的琉璃坊，是密宗曼荼罗坛城的写照。

中海、南海较明朝格局变化不大，椒园以南依旧是农家乐风格，南海中的岛屿“瀛洲”扩建了殿宇作为皇帝的书房，并更名“瀛台”，此后还做了几年光绪皇帝的软禁地。

三海西岸景致不多，鲜为人知的是这里曾是北京城第一条铁路的诞生地。清末洋务派首领李鸿章为了向慈禧太后展示建铁路的好处，以“游园专列”的名义在三海西岸修了一条试用型铁路。这条铁路北起北海北岸静心斋，经紫光阁至中南海的瀛秀园，全长仅1500米。慈禧老佛爷驾幸后果然拍手叫绝，美中不足就是火车开起来噪音太大，且司机坐在她前头开车甚为不敬。于是她下令去掉火车头，让太监们用黄缎子拉着车厢跑，成为中外笑柄。

惊险刺激的
御苑“偷游”

水光潋滟，山色空蒙，这大好的仙宫佳苑，焉能让皇帝独享？明嘉靖期间，值班太监和侍卫马上开发出一套惠及平民的游园流程。他们作为皇帝身边人，掌握着行踪起居，在皇帝不在西苑时候便偷偷打开宫门，将关系户带进来游览。来访者进入这蓬莱仙境一饱眼福，先进宫殿再看喷泉，上午登山下午乘船，皇帝玩过的，咱也玩过了。太监侍卫们呢，通过售卖“门票”，也赚得一笔小费，改善生活。

要说这偷游过的最著名人物，恐怕还要数与唐伯虎并称当时“四大才子”的文徵明。不消说，他也是托内部人走了后门，那时候嘉靖帝刚登基没几年，疏于管理，哥几个趁着他不在偷偷进入，先在北海和中海之间的团城转悠一圈，随后从北面过桥入琼华岛。下山后，他们经东岸转而游览中海和南海，环湖一圈转到西面的兔园山。

出了兔园，众人来到最后一处景点“平台”，高数十丈的平台为明正德帝的阅兵台，四下景色一览无遗（多年之后这平台建起了一座二层楼阁，即今日之紫光阁）。其时恰逢金乌西坠，璀璨的万丈金光倾泻在湖面、山上、宫中，真应了那句“日照龙鳞万点金”。时间不早，他们依依不舍回望一番晚霞映照下的粼粼海面和金碧辉煌的九霄宫殿，挥手作别西天的云彩，结束了一天的“偷游”。

饱览阆苑仙葩后，文徵明心潮澎湃、才思涌动，于是提笔写下《西苑诗十首》，详细叙述了游览路线及所见，可谓是将这次“违法经历”和盘托出；文中还诉说了对几位同游挚友的怀念之情，把这些“同党”也一并交代了。这幅作品行书写成，用笔苍劲流畅，字体洒脱端丽，堪称难得的描绘明代中期西苑风景书画双壁，为后人的研究留下了珍稀的史料。

时至今日，西苑的众多园林迈向了不同的归宿，围绕“三海”而建的大批离宫建筑惨遭拆除，仅剩太高玄殿和先蚕坛等寥寥几座侥幸残存。北海摇身一变成为城市公园，向广大市民敞开胸怀；中海和南海依旧戒备森严，勾起大众无尽的遐思。

“春有百花秋有月，夏有凉风冬有雪”，北海公园四季皆有佳景，若说最适宜游览的季节，古人早已总结出了燕京八景中的“琼岛春阴”和“太液秋波”供后人参考。如今，北海公园还有很多隐藏玩法。首先是盖章打卡，从北海南门进入，穿过永安桥左拐，就有免费的文创店打卡，随便盖章，

▲《西苑图》中的团城和金鳌玉蝀桥，团城已经改造为今日模样，与陆地连为一体

具有收藏意义。其次是拍照观赏，白塔各大角度拍照都非常出片，春夏最美，3—4 月份桃花配古塔，7—8 月份荷花盛开。最后是邮局留念，位于北海公园东岸，首家开在皇家园林中的邮局——北海皇家邮驿非常值得参观。在这里可以了解邮局知识，起源和发展历史，同时加盖独家“五龙亭”印章。

后海不止那昨夜的酒

北海、中海、南海合称前三海，前海、后海、西海则是后三海，后三海又叫什刹海，水域面积33.6万平方米。什刹海的秀美景色及其所蕴含的生活气息和历史底蕴，令它身上带有一种难以言说的迷人气质，被誉为“十倾玻璃”。

与皇室禁地前三海不同，后三海是平易近人的。元朝时，后者曾是京杭大运河的北终点，担负着将江南物产运入北京的重任，水面舟楫繁忙，岸边商铺林立，已经是一方繁华所在。明朝，后海卸下了漕运的重担，转而成为城中显贵和百姓们闲暇时游冶的乐园，私家园林和飘香酒肆环绕其周，为黄土蔽日的京城增添了难得的水韵，一直延续至今日。

什刹海
名称的由来

组成什刹海的前海、后海和西海三个湖泊，元代时统称为积水潭或海子。“海子”是当时北方口语中对大片水域的称呼，“子”在这里读轻音。明初，德胜门大街将原本连成一片的海子一分为二，西侧为西海，东侧为后海和前海，两片水域仅靠德胜桥下一条数米宽的水道相连。从那时起，德胜门大街以西的水域还叫积水潭，以东则叫什刹海或后海。到了现代，前海、后海、西海三片水域又统称为什刹海了，后海是什刹海中最大的一片水域。今天，当人们说起后海，

▽ 春意盎然的什刹海公园

▲ 高耸的钟鼓二楼如两峰对峙，为什刹海平旷的景色增添几分立体感

往往指代的便是什刹海。

至于什刹海名称的由来，学界说法不一，常见的有“一庙说”和“十庙说”，并且持两种说法的人都能找到相关的佐证。

“一庙说”认为，什刹海边原有一座叫作十刹海寺的寺庙，什刹海的名称也是因寺而得。相关的证据便是，明代刘侗、于奕正所著《帝京景物略》中便有一篇记录了十刹海寺，开篇首句便是：“京师梵宇，莫什刹海若者……其洁除于龙华寺之前，方五十亩，室三十余间……”崇祯年间孙承泽撰《天府广记》中也写道：“十刹海在龙华寺前，万历中陕西僧三藏建。”清乾隆年间钦定《日下旧闻考》有按语曰：“元时以积水潭为西海子，明季相沿亦名海子，亦名积水潭，亦名净业湖……今则并无西海子之名，其近

▲ 后海西北端的什刹海寺，一说什刹海之名因此寺而得

十刹海者即称十刹海，近净业寺者即称净业湖。”北京历史地理学家、北大教授侯仁之也是“一庙说”的支持者，他在 1990 年为什刹前海南岸碑刻撰文时明确指出：“……湖滨梵宇树立，旧有佛寺曰十刹海，寓意佛法如海。今寺宇虽废，而十刹海作为湖泊名称，却已屡见记载。或谐音写作什刹海，又口碑相传已相沿成习。”

“十庙说”则认为，在什刹海周边曾有十座古刹，因此十刹海得名，后来逐渐演化成什刹海的谐音。其证据有，清人夏荃所撰《退庵笔记》中说：“元明之际，在十刹海附近，曾建有万善寺、广善寺、三圣庵、海会庵、净海寺、心华寺、慈恩寺、金刚寺、龙华寺、广化寺，故名十刹海。”关于这十座寺庙也有不同版本，也有说它们是观音庵、广化寺、汇通祠、药王庙、

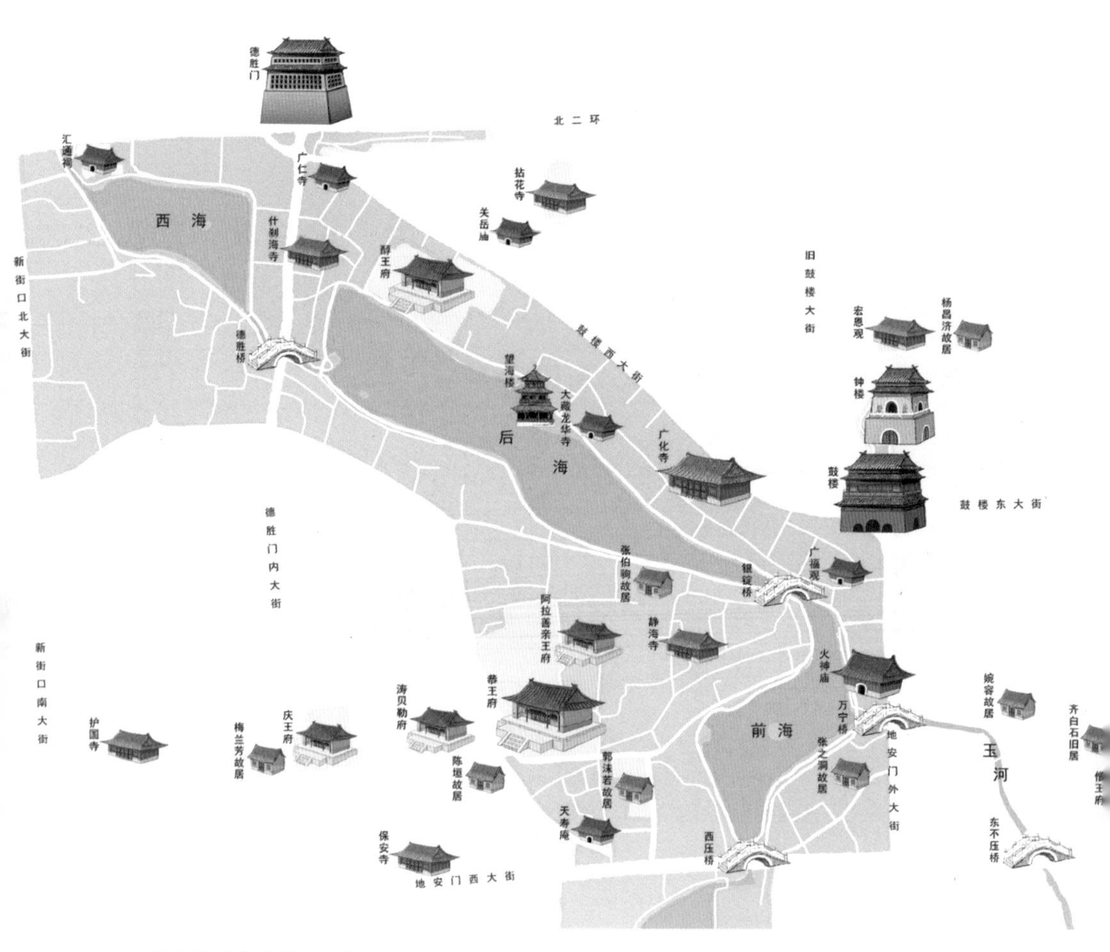

▲ 什刹海景点分布示意图

关岳庙、火德真君庙、慈恩寺、净业寺、普济寺和广福观。但不管哪个版本，都没有十刹海寺。其实自元代始，积水潭周边广修寺庙，存在过的寺庙远不止十座，或许“十”仅是一种说法，代表数量很多罢了。

除去上面两种说法，北京民间还流传着一个关于什刹海名字由来的传说。当地的老人常常把什刹海说成“十窖海”，因为这里曾挖出过“活财神”沈万三的十窖银子。这个沈万三虽然被叫作“活财神”，其实他并没有什么钱，甚至经常穿得像个要饭的。那为什么会被叫作“活财神”呢？因为他知道哪里埋着财宝，但他既不告诉别人，自己也不去挖。这一年，皇

▲ 细雨中的拈花寺不禁让人联想起诗句“落花人独立，微雨燕双飞”

帝要修建北京城，资金不够了，听人说有这么个活财神，便给“请”了来询问财宝下落。起初，沈万三坚持说自己不知道什么财宝，“活财神”是别人随便叫的，后来实在是遭不住严刑拷打，随便指了一个地方说，财宝就埋在这里。士兵按他指的地方挖下去，竟然真的挖出十窖白花花的银子，一共四百八十万两。这挖银子的地方成了一个大坑，后来慢慢积水成湖，人们便叫它“十窖海”，最后又传成了“什刹海”。

沈万三其人确实存在，但却是江南富豪，在当年朱元璋扩建南京城时确实捐过钱，但他从未到过北京。而且这积水潭早在元代就已形成，怎会在明代修北京城时才挖成呢？传说终究是经不起推敲的，但也给什刹海增加了一抹传奇色彩。

▲ 什刹海“十庙说”中，所说的十座古刹之一的广化寺

今天的什刹海碧波荡漾，各色游船徜徉其中，四周绿树成荫、古建环绕，正如一幅动人的水墨画卷。漫步在什刹海边，可以感受到那份宁静与和谐，时间在这里也放慢了脚步。或者选择坐上一辆传统的人力三轮车，穿梭在胡同与小巷之间，听着三轮车夫侃侃而谈，沉浸在什刹海乃至这座城市的历史与文化长河之中。

入夜，什刹海换上了另一副面孔，五光十色的酒吧为这座城市的夜晚增添了一抹亮色。它们或隐匿于古树之间，或临水而建，与波光粼粼的湖面相映成趣，复古与现代的装饰风格交织，温馨怀旧与时尚活力并存。音乐美酒，欢声笑语，仿佛所有人在这里忘却白天的烦恼与疲惫，沉浸在这份独特的夜晚魅力之中。

积水潭、玉河与后门桥

在北京北二环路的西段南侧，西海北沿有一汇通祠。汇通祠始建于元代，最初名为镇水观音庵。清乾隆年间，镇水观音庵重修，并改名汇通祠。

今天的汇通祠，已辟为郭守敬纪念馆。郭守敬是当年主持修建元大都的刘秉忠的学生，曾长期在此主持全国的水利建设工作，为北京做了两件大事：一是引昌平白浮泉入积水潭以济漕运，二是主持开通了大运河的最后一段——通惠河，使积水潭成为京杭大运河的北终点。通惠河开通之后，由南方沿大运河北上的漕运船只，经通惠河可直接驶入大都城内的积水潭。积水潭成为当时最为繁荣的商贸中心，商船、粮船往来不绝，“舳舻蔽水”，南方的粮食和货物源源不断地运到这里，对沿途的经济也起到了极大的带动作用，积水潭、通惠河沿岸商贾云集、风物荟萃，集一时之盛。

漕运船只从通惠河驶入积水潭的入口处，于地安门外有一座石桥，名万宁桥。地安门是皇城北门，即后侧的大门，民间常以“后门”称之，因此万宁桥也叫后门桥。无数商船从通惠河穿过后门桥，直抵积水潭码头。最初，这里只是一座建于元朝至元四年（1267 年）的木桥，到至元二十九年（1292 年）时，随着通惠河工程的完工，才由一座石桥替代，虽然此时桥已改为万宁桥，但元大都人还是将它称为“海子桥”。

数百年来，京城的水系一直在变化。现在的通惠河，主要是指从东便门外到通州张家湾的那一段。实际上，郭守敬开凿通惠河，起点一直是后门桥。通惠河从积水潭流出，经过三座澄清闸流入南护城河，之后在东便门外转向东而去。

元末明初，积水潭上游的村庄、人口增加，随着开垦活动的大量进行，

万宁桥曾位于京杭大运河的北端点，见证着花开叶落、千帆往复

西海边矗立的郭守敬塑像，纪念他主持开凿京杭大运河的功绩

整治后的玉河古道

趴在万宁桥雁翅上的是镇水兽蚣蝮，右侧为古代绞关石残迹

导致河道淤塞，积水潭的来水逐渐减少。到了明代，通惠河的上游一段被囊括进了皇城，并改名为御河（后逐渐俗化为玉河），成为皇城内的景观河。漕运船只进入京城的通路因此被切断，积水潭也不再是京杭大运河的北端点，失去了漕运的功能。

横跨水岸的透迤飞梁

什刹海水系宽泛横溢，为了联络两岸，古人陆续修建了多座桥梁，一来方便交通运输，二来为水乡泽国增添景物点缀。由于历史变迁，现在只剩下万宁桥、银锭桥、得胜桥、西压桥和东不压桥。

万宁桥

新中国成立后，地安门外大街依旧热闹喧嚣，此时的玉河已逐渐被改为暗渠，最终于 1956 年被完全填埋，填埋后的河道上还陆续盖满了房屋。后门桥下无水流过，变成了一座旱桥。至 20 世纪末，石桥已半埋于地下，仅露出桥身两侧的石栏，且已损坏严重。

1998 年，90 岁的侯仁之老先生在一次北京市委、市政府的学习会上，做了一个名为《从莲花池到后门桥》的演讲，正是这次演讲，让北京市领导决定对后门桥进行挖掘、修复和疏浚桥下河道，以重现后门桥当年的盛况。几个月后，恢复和保护后门桥的工程便开始了，在后续施工过程中，工作人员发现了六尊镇水石兽，经过文物工作者考证，这六尊名为蚣蝮的石兽被复原在了原来的位置。经过此番修整，破败已久的万宁桥终于恢复了当年的模样。

▲ 桥下什刹海，桥上万人海，银锭桥单薄的身躯未免让人揪心

银锭桥

如果评选一个什刹海最为拥挤热闹的地方，那必然是位于前海和后海交汇处的银锭桥了。夏天有划桨板的，冬天有冬泳和滑冰的人，热闹非凡。白日里，桥面上扎满了蜂拥而来的游客，真可谓是“桥下什刹海，桥上万人海”。随着金乌西坠，桥边酒吧的霓虹灯点亮了河两岸，劲爆喧嚣的音乐从装饰各异的店门里喷涌而出，刺激着游人的听觉神经，为古老的湖泊引入了后现代的激昂水流。

银锭桥始建于明代，为一南北向的单孔石拱桥，因外形圆润可掬、恰似银锭而得名，桥面两侧各有镂空的花栏板五块，之间以翠瓶卷花望柱相隔，桥拱一侧刻有“银锭桥”三个楷体题字。银锭桥如银丝带一般缠裹着什刹海的一握纤腰，风光旖旎，自古以来就是知名的景点，引得无数文人墨客休憩揽胜，明代文人李东阳曾盛赞此地为“城中第一佳山水”。清代《日

▲ 东不压桥又名澄清中闸，重修的造型是一次将桥、闸合二为一的尝试

下旧闻考》记载：“银锭桥在北安门海子桥之北，此城中水际看西山第一绝胜处也。桥东西皆水，荷芰菰蒲，不掩沦漪之色。”

银锭桥的美景莫过于“银锭观山”和“海水倒流”。其中，“银锭观山”被誉为著名的燕京小八景之一，因地处两海交接处，视野开阔，站在桥上往西望去，就可以清晰地看到峰峦起伏的西山胜景。“海水倒流”则是因为明代时西海里的水并不直接通向后海，而是通过月牙河流向前海，再经前海流向后海，由于前海水位高于后海，遂形成这一奇特景观。

然而在 20 世纪 70 年代的什刹海改造工程中，月牙河被填埋，西海的水改道直接流向后海，银锭桥“海水倒流”的奇观不复存在。随着城市化进程，什刹海周围高楼林立，遮挡了西山方向的天际线，“银锭观山”的美景也与古代大相径庭。

▲ 玉河庵

德胜桥

德胜桥位于西海和后海交汇处，西为西海，东为后海。元朝时，西海和后海原本相连在一起，为一片水泊，后因水位下降，湖面萎缩，两片湖泊相接部分慢慢变窄，遂以木桥相连，至明代时改为石桥，因接近德胜门而得名。

明清时，桥东侧曾有大面积稻田，清代有记载称“稻田八百亩，以供御用，内官监四十人领之”，两侧水面“缥萍映波，黍稷粳稻”，一派江南绮丽风光，吸引大批的文人权贵在此修宅筑府。

西压桥和东不压桥

这两座有着拗口名字的单孔石拱桥一西一东分列地安门两侧，横跨什刹海，穿过皇城墙，注入北海和御河的两个入口上。两座桥所在位置是明朝的布匹、粮食交易市场，又名“西步粮桥”“东步粮桥”。明成祖时期，北京皇城扩建，将皇城的北墙和东墙向外展扩，北墙西段由于被前海和北海夹在当中，不得已将墙壁建在了西步粮桥之上，竟然压占了半个桥面，让往来百姓叫苦不迭。相传，成祖占了西桥，不忍再占东桥，于是下命令将墙体避让了一段，没有压占桥面，留给百姓一座完整的桥。久而久之，百姓将两桥称之为“西压桥”“东不压桥”。

民国时期，为了方便交通，皇城墙被拆除。20 世纪 70 年代，西压桥的拱券又被拆除，桥面铺上沥青改为平坦的马路，北侧新建了一座双孔石拱桥，以方便行人交通，桥上安置仿古石望柱和护栏板，桥下设有水闸，节制北海入水量。

东不压桥则因御河淤塞废弃，久而久之桥基被埋于地下。后来在修建平安大街时，桥址被重新挖出。2005 年，玉河遗址公园改建，东不压桥作为玉河的一部分也得以恢复重建。桥边还有一座“同是天涯沦落人”的秀珍小庙——玉河庵，经过一番修复后摇身一变成了“网红”打卡地，实属幸运。

03

京南也有个“颐和园”

永定河自黄土高坡滚滚而来，穿西山入平原，堪称北京的母亲河。遗憾的是，这位“母亲”喜怒无常，时而用甘甜的乳汁滋育百姓，时而将满腔怒火化作洪水惩罚她的子孙。历史上，永定河河道屡次改变，曾在京城正南冲刷出一片延绵百里的湖泊沼泽。元代帝王首先相中了此地类似草原故土的天然野趣，将永定门外这片面积远超北京城的地域圈地隔离，作为狩猎和阅兵的皇家苑囿，燕京八景之一“南囿秋风”由此诞生。明清两代依然沿用，作为皇家狩猎和阅兵之用，鼎盛时候，这里有行宫衙署十余座，康熙、乾隆等长期驻跸理政，其重要性几可比肩北面的“三山五园”。不想，近几十年间沧海变桑田，桑田变大厦，今日只剩下大红门、小红门、旧宫、角门、海户屯等寥寥几个地名藏在连绵的水泥森林中，成为南中轴线延长线上最为人忽视的皇家景观遗迹。

君臣同乐的
“下马飞放泊”

宋代以前，北京所在的幽州又被称为“苦海幽州”，一语道出了这里的地理环境。永定河长期改道、泛滥，在北京平原留下了大片的湖泊和湿地，其中永定门外十几里处，曾是一片水草丰美、獐鹿群栖，大小湖泊星罗棋布的水乡泽国。元朝定都北京后，统治者们选中京城正南这块广大的湿

▲《康熙南巡图》(局部)中的大红门

地作为狩猎赛马之所。此地距京城不远，王公贵族们擎着猎鹰、乘上骏马，马鞍还没坐热乎就可以到地下马放鹰，故此地名为“下马飞放泊”；因与城北面的“海子”遥遥相对，又被称为“南海子”。

元朝皇帝也经常亲临驻跸，和大家一起箭射天鹅、枪挑野猪。当时打猎需要放飞猎鹰，一是侦查猎物，二是直接捕获小型动物。那猎鹰翱翔搏斗，出了一身汗，为了避免着凉得病，要在太阳下晾晒干燥。统治者们筑建了多个大土堆给猎鹰晒太阳，称为“晾鹰台”，今日仍可偶见其遗迹。晾鹰台还可作为皇帝行宫仁虞院和摆“诈马宴”大宴群臣的场地。达官显贵们行猎后围坐一团，把打来的猎物烧烤乱炖，就着美酒佳酿胡吃海喝、载歌载舞，直闹得君臣大醉相与枕藉。正如诗中所云“诈马筵开挏酒香，割鲜夜饮仁虞院”，体现了元朝洒脱豪放的草原遗风和不拘小节的政治风貌。

▲ 从昔日大红门的位置远眺永定门

京南“颐和园”的建设

元明易代，北京失去了首都的尊贵地位，南海子一度荒废，成了附近农民猎户的乐园。数十年之后，燕王朱棣成功发动“靖难之役”，重新将北京定为都城，南海子迎来了新生。这次重生的南海子在元代只是一个皇家猎场，而朱棣却豪放地画了一个大圈，修建起了高 6 米、宽 3 米，长 120 里的夯土墙，将 200 平方公里的土地划为禁地，面积已然是北京内外两城之和的 3 倍！南海子除了供皇帝游山玩水、打猎放鹰，还开辟了二十四处耕地和养殖场，产出的果蔬和肉奶作物自然是作为特供送入紫禁城。

明朝在土城墙上设立了四座漆成红色的城门，称为“大红门”，一般在

说起“大红门”，老北京最先想到的恐怕是服装批发市场

大红门的位置现在是行政办公中心

昔日规模堪比京城的南苑仅存的一片湿地

前面加上方位以示区别。北大红门是南海子最重要的苑门，是明、清两代帝王从紫禁城游幸南海子的必经之门，因此建设得最为壮观。此门位于中轴线南延长线上，永定门正南 3.5 公里，有一高两低三个洞门，门上建城楼一座，墙刷红漆，顶铺蓝瓦，飞檐斗拱如翚斯飞。清朝诸帝经常在此大阅兵马，著名的《乾隆大阅戎装骑马像》便取材于南苑阅兵的英姿，成为今天故宫博物院收藏的一件弥足珍贵的国宝。

南海子作为元、明、清三朝的皇家园林，与“三山五园”却不尽相同。“三山五园”通过大规模人工改造环境、开辟山体水泊、添加亭台宫殿，使之符合古典山水审美意境和儒家纲常伦理规范，长时间作为皇帝正式办公居住和国事祭祀场所。南海子则未修建大型人工山体水系，更偏重天然野趣，是皇室贵族打猎跑马、检阅兵将、体现尚武精神的场地，虽也有宫殿和水榭之类，规模和景致上远逊于北面的园林。

作为南中轴延长线上的标志性建筑，南海子正门大红门于 1955 年遭到拆除，让位给了公路建设。此后，这周边曾汇集了多家涉及民生的工厂和商业店铺，最著名的还是服装批发市场，鼎盛时期从业人员达到 50 万人，是东北亚最大的服装市场，几乎成了大红门的名片。繁荣的市场也带来了严重的交通堵塞和治安问题，从 2014 年起政府逐步关停了服装市场，将其迁移至郊区和河北。近年来，大红门一带腾笼换鸟，陆续兴建了图书馆、博物馆和科技园等场所，未来将成为一条宜居、文化、礼乐相结合的新轴线。

▲ 随着湿地治理工程的推进，一片水泽泊国重新出现在了京南大地，久违的麋鹿开始惬意地漫步其中

备受压迫的“海户”

大片土地是有了，也还得找人打理耕种，此前在这里生活的农民被皇上一道圣旨定为“海户”，将他们的身份和职业世世代代锁定，沦为编户齐民的皇家农奴。他们被赶出南海子另择新居，却依然要负责里面的耕作养殖；每逢皇室贵族们驾幸游猎，更得冒着危险驱赶野兽猛禽到狩猎场。海户们在几个红门的屯聚点设村立庄，这些海户的聚居地后来就形成今日大兴、丰台、通州等地的“海户屯”。

昔日皇家苑囿管理极为严格，海户出入南海子要凭腰牌，并有专人带领，出入还须走指定路线。那时偌大一个园子，只有东、西、南、北四个大门，每日从住处到园内要往返奔波十几公里，海户们苦不堪言，不少人偷偷逃离。而官府还对出逃人的亲属实施连坐，趁机侵占他们本就不多的财产。直到清朝，皇家才在苑墙上增开了十几座“角门”，多少减轻了海户的奔波之苦。

21 世纪初，随着城市化的高歌猛进，原有的农村也随之解体，今日只剩下几个“海户屯”的地名作为历史的见证。

南海子里的“烛影斧声”

历代宫廷政治中，为了皇位，父子反目、兄弟相残的事情比比皆是，留下了诸多悬案。最著名的当属宋朝的一段轶事“烛影斧声”，宋太祖大病，召晋王赵光义议事，席间有人遥见烛光下晋王离席，又听见太祖引斧戳地。当夜，太祖驾崩，晋王继位，史称太宗。宋太祖和宋太宗两兄弟晚上到底做了什么，永远成为一个谜团。时光的车轮转到清朝，又产生了一个未解之谜，那还是离奇的夜晚，还是幽深的宫殿，还是同样的剧本，正发生南海子的南红门行宫中。这次的主角换成了康熙和雍正父子俩。

公元 1722 年秋，已经御极六十一年的康熙又一次来到南海子围猎，驻跸在南红门行宫。年近古稀的“千古一帝”前几年中过风疾半身不遂，早已不复当年雄姿，但这丝毫没有干扰他行乐的雅兴。他接连看了好几天勇士们捉鹿殪虎，对精彩的搏斗连连称赞，期间还多次接见大臣们共商国事。

十一月初七下午，因挂念不久前在通州粮仓发生的支取禄米混乱事件，他派人到通州传唤奉旨办理此案的雍亲王胤禛过来汇报。胤禛接报后，与

日军曾在南海子地区修建大量军事机场，这些罪证正逐渐消逝于城市化建设浪潮中

近年来修复开放的团河行宫是南海子屈指可数的子遗

经过数年的还原复建，团河行宫内部湖区不日将重漾清波

掌管京城警备的九门提督隆科多一起于傍晚来到行宫。胤禛入内向康熙汇报了很久方才离开，随即康熙帝便“偶感风寒”，当天就赶紧从南红门行宫移驾海淀的畅春园行宫，胤禛和隆科多自然一路扈随。

胤禛一行在畅春园尽心尽力地“侍奉”了六天后，京城的众皇子方才得到消息匆匆赶来在宫外等候，这时里面传来消息：康熙帝龙驭上宾，遗命传位四皇子胤禛。这一夜到底发生了什么？或许我们永远也找不到答案了，只知道雍正帝在此后的岁月中，从未在南红门行宫驻跸。

抗战时期的南海子

北京拥有两条这样命名的街：赵登禹路和佟麟阁路。赵登禹和佟麟阁是在抗战时期英勇牺牲的将军，南海子团河行宫一带是他们作战的主战场。

当时团河行宫被国民革命军建为军营，“七七事变”爆发后被日寇视为眼中钉。1937 年，日军向北平发动总攻击进犯南苑团河军营，其目的一是从南边切断北平城的外援，二是攻取附近重要的南苑机场。当时守卫南苑一带的是时任第 29 军副军长的佟麟阁与 132 师师长赵登禹，二人面对气势汹汹的日寇拼死抵抗，依托行宫的高墙和外面建造的土木工事，给予敌人以重击。

但毕竟日军蓄谋已久，他们从宛平、通州两个方向重兵出击，赵登禹将军先一步乘坐汽车撤退时误入日寇埋伏圈，身中数枪壮烈殉国。佟麟阁将军同样被敌人伏击，被另一架飞机投下的炸弹击中头部殉国。轰轰烈烈的南苑保卫战失败了，北平也失去了南部的重要守卫依托。

日军占领南苑军营后，乘胜攻占了南海子北部的南苑机场。这座机场建于 1910 年，是中国修建的第一座机场，南苑航校培育了中国第一批飞行员。抗战爆发时，它是华北地区最繁忙的军民两用机场和维修厂，被日军垂涎已久。机场沦陷后，日军进行了疯狂的扩建改造，每隔一公里建造一个机库，俗称“飞机窝”，今日仍能见到废弃的遗址。

今日的南苑已是钢筋水泥的森林，南海子麋鹿苑和郊野公园逐步建立起来，呦呦鹿鸣再次回荡在丰沛的水草间。2023 年仅存的孑遗团河行宫也宣告竣工、开门揖客，为广大群众提供了一个领略南中轴丰富历史文化内涵的场所。

南苑
森林湿地公园

“北有奥森，南有南森”。2024 年 5 月 1 日，北京南部片区自然景观制高点——南苑森林湿地公园观景台正式开放，与北部“奥林匹克塔”遥相呼应，成为北京文化新地标。南森观景台—飞雁台就在小山丘的顶部，灰色的屋顶，宛若一只栖息于林海中的飞雁。屋顶就是阶梯状的观景台，登上屋顶，东望，郁郁葱葱间南中轴尽收眼底；西眺，西山和太行山脉清晰可见，向北，首都商务新区背后是北京城的高楼林立……在南森，还有模拟明清大营形式的武生锵精品文化体验露营地和落日露营美食嘉年华，赏余晖品美食，不负春光。在“秋叶簌簌”景区还有免费的公共露营地，享纯纯的林间野趣时光。

▲ 北京南苑森林湿地公园观景台夜景。

▲ 在北京南苑森林湿地公园飞雁台，欣赏绝美日落。

04

马可·波罗
笔下的“世外桃源”

今日从卫星地图上俯瞰北京，会发现一个惊人事实——北京中轴线居然是歪的！本应正南正北的中轴线，竟然向西偏离了2°，难道是古人技术水平低，导致测量误差么？我们不妨顺着中轴线画一条向北的延长线，将目光移动到几百公里外的茫茫草原，这条线恰好穿过一座规模宏大，不亚于北京城的城池遗址——元上都遗址。两座城市间蕴藏着哪些千丝万缕的秘密呢？是否能够解答中轴线偏移的疑问呢？

元上都的修建

13世纪的西方流传着一个关于繁华的东方都市“Chandu”的传说，那里市列珠玑、户盈罗绮，比那流着奶和蜜的圣城耶路撒冷还要壮观百倍。《马可·波罗行纪》记录了这个神秘东方世界的故事，航海家哥伦布也为此着迷，最终发现新大陆，推动了大航海时代的到来。今日的西方文学中，“Chandu”经过多种语言接连重译，最终在英国定格为“Xanadu”，一般指代“世外桃源”或是“理想乡”，足见其在西方人心目中崇高的地位。但是直至今日，上都的历史在中国却鲜为人知，没几个人知道它曾是元大都的姊妹

元世祖画像

城，并称为“两都”，更不知道相隔数百公里的上都竟和大都共享一条城市中轴线。

上都的建城史还要早于大都，甚至称得上后者的模板和试验田。元世祖忽必烈征战中原时，曾将现张家口的坝上地区作为自己的行军大本营。那是一片水草丰美的草原，闪电河蜿蜒流过，滋润了大片的草场。仲夏时节，草地上开满了美丽的金莲花，如金色的织锦蔓延至天边，故而忽必烈设在此地的幕府也被称为“金莲川幕府”。

为了进一步加强对汉地的统治，元世祖决定“以汉法治汉”。他命后来大都城的建造者刘秉忠，在金莲川一带建造一座固定的都城作为统治中心。这是蒙古族诸政权开天辟地建造的首座有城墙环绕的都城。

经过一番寻访，刘秉忠发现草原深处有块宝地，大小湖泊星星点点散落其间，天鹅、白鹤等祥瑞生物栖居于此，一圈低矮丘陵远远地环绕其外，桀骜不驯的闪电河流经此处时难得地平静下来，这岂不是天然的护城河？于是，刘秉忠将这里定为新都城的吉地。

作为传统儒家学者型官员，刘秉忠引经据典，很多地方参考了《周

▲ 大雪过后的元上都遗址，外城、皇城、宫城三重结构清晰可见

礼·考工记》的内容。新城址规模宏大，外城呈正方形，均为黄土夯筑，城墙全长十公里，有七个门，墙外还设有护城河，由外城、皇城和宫城三重组成。皇城位于城市东南部，是当时文武官员们的居住地。皇城北面为皇家苑囿，西面为百姓民居和蒙古包。皇城正中是宫城，宫城有御天门，是当时百官聚集、奉旨听宣之处，元人有“明德城南万骑过，御天门下百官多”的诗句。

宫城以雄踞正中的大安阁分为前朝后寝两部分。大安阁是元朝皇帝举行重大朝政活动和宗教仪式的殿宇，如皇帝登基、接见外国使者、与大臣聚会等活动也在此举行。这座楼颇有来头，原是宋徽宗在汴梁城内建造的

▲ 元世祖最初的都城选择在水草肥美的金莲川上

“熙春阁”，宋败入金，金亡归元，被元世祖从汴梁城拆卸运到大都重新组装。此楼宽 30 米，高约 70 余米，上下共 7 层，有两座故宫太和殿摞起来那么高，从草原深处观之，如一柱擎天，凸显了君主无尚的权威。

上都建造风格蒙汉杂糅，既有汉地青砖黛瓦的土木房屋，也有洁白胜雪的蒙古包。它是一座宗教宽容的城市，建有佛寺一百六十余座，以及孔庙、道观、城隍庙、三皇庙、回回寺、基督教堂等各种宗教寺院。在一统中国之前，忽必烈大汗试图将这里建造为世界的中心。

细心的人们会发现，北京故宫的中轴线竟不是正南正北，而是向西偏移 2°。长期以来，人们一直认为是古人测量失误导致，直到 20 世纪下半叶上都的遗址重现天日，人们才惊讶地发现，原来这条偏移的中轴线向北延伸 270 公里，竟然正对着上都！这显然不可能是巧合，刘秉忠在此后修建大都时巧妙地设计了这条看不见的轴线，连接了中原与草原，象征着中国的统一。

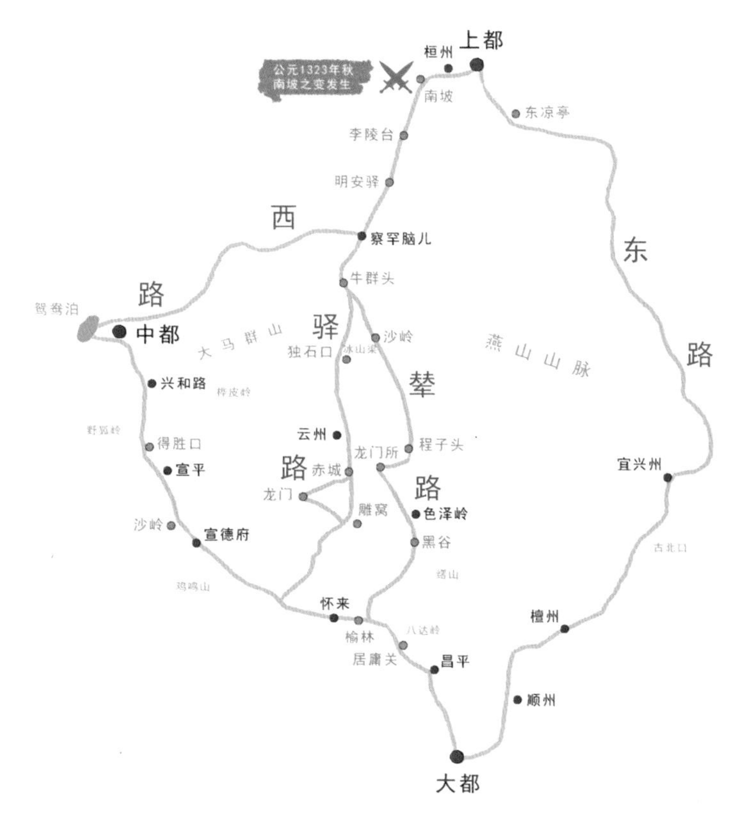

▲ 两都巡幸制度竟为各路政治冒险家所利用，是元世祖创建该制时始料未及的

阴谋与毁灭

“九天阊阖开宫殿，万国衣冠拜冕旒。”自从渔阳鼙鼓惊破大唐盛世以来，历经五百多年，中国大陆才重新统一起来，万国来朝的景象又得以重现。忽必烈曾经在这里接见马可·波罗和西域、南洋乃至欧洲各国的朝贡使臣，眼看中华大地将迎来又一个辉煌，但事与愿违，在此后接连发生的篡位阴谋、无尽的汉化反汉化斗争中，元朝廷错失了这个良机。在每个关键的历史节点，上都都会无奈地注视着悲剧的发生。

在迁都大都后，上都在元朝政治中的地位亦不减，先后有五位皇帝在这里登基。为了不忘国家龙兴之地、安抚草原部落，几乎每位元朝皇帝都

▲ 宫城正门御天门残迹，不禁让人感慨“伤心秦汉经行处，宫阙万千，都做了土”

要在两个都城轮流居住。每年隆冬刚过，浩浩荡荡的队伍都会从德胜门出发，经居庸关、延庆、黑峪口、龙门的“辇路”到达上都；八九月份秋风渐起，再沿西边另一条经南坡店、独石、赤城、怀来、居庸关的路线返回大都。

这一路从草原牧场到平原桑田，从逐水游牧到定居农耕，从“长生天”的自然神域到儒家的伦理世界，被称为“两都巡幸”的制度与后来清朝诸帝频繁进行的“木兰秋狝”有异曲同工之处。但不幸的是，木兰秋狝起到了团结蒙古各部、维护国家统一的作用，而两都巡幸却给了图谋不轨者可乘之机，反而引起了政权的分裂。

公元1323年秋，力主汉化的元英宗在结束上都巡幸后启程南返，夜里扈从队伍抵达西道路第一站南坡扎营。趁着月黑风高之时，以御史大夫铁失、怯薛长失秃儿、也先帖木儿为首的守旧派蒙古贵族，发动军事政变杀死

▲ 木兰围场坝上草原

英宗及其亲信，这就是震惊全国的“南坡之变”。从此，朝中汉化势力遭受沉重打击，民族分裂情绪开始蔓延。

继位的泰定帝在五年后驾崩，帝国再次分裂：一派贵族官僚在上都拥立泰定帝之子为帝，另一派则在大都拥立元文宗图帖睦尔。双方以两个都城为根据地，展开了大规模的武装冲突，战火一时遍及黄河以北广大地区，史称“两都之战”。“两都之战”持续将近一年，最后元文宗获胜，接手了满目疮痍的国家。

“堂堂大元，奸佞专权，开河变钞祸根源”，元朝开始一步步走向腐朽和没落。元顺帝时期，为了整治泛滥的黄河，政府又一次逼迫数十万民夫背井离乡来到河南治水。官员的压榨和工作的劳累让人们敢怒不敢言，不知何时起，他们之间流传开一首歌“莫道石人一只眼，挑动黄河天下反”。好巧不巧，一天还真在土地里挖出了一只独眼石人，一下子点燃了元末农民起义的烈火，起义军头缠红布，号为“红巾军”。公元1358年，他们挥师北伐，一路势如破竹，竟然从河南打到了上都，一把火将这座繁花似锦的都城烧成了瓦砾场，从此上都沦为一片废墟。

公元1368年，元朝最后一位皇帝元顺帝在明朝北伐军的威胁下仓皇辞庙，从大都马不停蹄逃到上都。面对满目疮痍的旧都，他不禁痛哭流涕，胸中抑郁一病不起，次年驾崩于继续逃亡的路上。这是上都最后一次迎送元朝天子，自此，它随着这个空古绝今的朝代一并退出了历史舞台。

世界的上都

元朝四大都城——故都哈拉和林、大都、上都、中都四大都城中，哈拉和林被明朝北伐军破坏殆尽，大都城脱胎换骨成了今日北京城，中都未完全竣工便遭废弃，只有上都遗址格局最为完整。三重城墙和街道肌理清晰可辨，周边生态环境千年依旧，能够供学者研究元朝时期的城市风貌和人口分布。2012年，元上都被列入联合国教科文组织“世界遗产名录”。

王朝更替，斗转星移，曾经繁华的上都淹没在齐腰深的草丛间，只有野外一望无际的金莲花依旧岁岁盛开。城市遗址面积广阔，除了皇城得到些许开发外，其余部分都保持原生态，只有几条如蛇蜿蜒的土路深入其中。好在景区提供了脚踏单车，便于游客们自由探寻上都更多被遗忘的角落。法国作家杜拉斯说过：“与你年轻时相比，我更爱你现在备受摧残的容颜。”夕阳下的荒城自然勾起游客无尽的遐思，为什么无数的城市兴起又毁灭，为什么这片土地陷入一次又一次的轮回？

世事变迁，千年前的太平皇都虽已断壁残垣，但在半个地球之外的西欧，依然是当地人眼中的世外桃源。英国著名浪漫主义诗人柯勒律治(Samuel Taylor Coleridge)以此写成了英语文学史上著名的诗作《忽必烈汗》。诗人在服用药物后沉沉睡去，于梦乡中飘摇万里，来到上都这座美轮美奂的花园城市，徜徉其中如痴如醉。醒来后他奋笔疾书，写出了千古名篇，给“Xanadu”之名赋予了浪漫的文学色彩。前世界首富比尔·盖茨的别墅便命名为“Xanadu 2.0”，土星卫星“土卫六”上的一块区域也被命名为“Xanadu”。上都不啻为北京中轴线上的另一个奇迹。

后 记

中轴线是京城“龙脉”，代表着帝都的精气神儿，维护好它是每一个北京人义不容辞的责任。20 世纪，中轴线曾一度“潜龙在渊”。可喜的是，21 世纪这二十年，北京中轴线今非昔比。在社会各界的关注下，钟鼓楼、景山、太庙和社稷坛等遗产建筑都进行了腾退，清理了占据宝地多年的“钉子户”，通过修缮最大可能地恢复了历史原貌。就连拆除了几十年的永定门，也得到了重建。

在软环境治理上，政府也是“铁拳”频出，下大力气整饬了一度声名狼藉的前门商业街，让以次充好的不法商贩卷铺被回家，还游客一个风清气正的游览氛围。在鱼龙混杂的什刹海沿岸和鼓楼大街，随意占道经营的小商小贩被请回了门店内，现已成为如今很多年轻人追捧的宝藏小店。

为了进一步保护历史遗产，为“申遗”打下良好基础，北京市政府对中轴线进行了详尽的远景规划，每一处遗产的保护措施“量身定制”，配合各遗产要素设置专题展示中心、沿线特色文化驿站、文化探访路线；建设数字化档案，借助科技的力量从新角度展示中轴风采。

不难发现，在政府的支持下，近年有关中轴线的展览与日俱增。首都博物馆开设的“辉煌中轴”文物展、东城区主办的“千年一线中轴印象”摄影展……这些展览各具特色、包罗万象，涵盖了从历史建筑、城市建设到文化艺术、市井生活的方方面面，为百姓所喜闻乐见。随着社会参与热情的增高，更多具有“京味儿”的特色展览正走在路上。

文化搭台、经济唱戏，中轴线上的文化也“活”了起来。2024年，历史悠久的厂甸庙会在春节期间以“漫步古都中轴，共赏百年厂甸”为主题，吸引了大批游客前来寻年味；前门大街一带则围绕“中轴线上过大年”推出了灯会、舞狮、逛吃等一系列活色生香的文体活动，人们一掷千金的豪爽消费让政府和商贩们乐不可支。民间团队也不失时机开发了多条针对学生的中轴游学路线，周末和寒暑假时常见到身着统一服装的“小豆包”“小砂糖橘”们在老师的带领和讲解中穿梭于大街小巷，领会古都独特的中轴文化。

未来，最让人期待的是中轴线数字资源库的完善和开放。想一想，那时候我们带上VR眼镜，小手一抖就能实现人在家中坐，“云”上游中轴。不必经历舟车劳顿，就能近距离沉浸于中轴线的博大精深，甚至可以自定义身份，或是化身帝王将相在皇宫王府里闲庭信步，或是化身公子秀才在书院戏园里吟诗作对。

我们的中轴线源远流长，它从历史的尘烟中款款走来，向着变幻的未来昂首而去，相信会有更精彩的风景从这条生生不息的京华文脉中诞生。期待各位读者带着敬畏与热爱，与我们携行在北京中轴线上，在探索中领会历史，在思索中展望未来，继承祖先给予我们宝贵的文化遗产。

图书在版编目（CIP）数据

行走北京中轴线 / 刘晓涛，魏敏著．-- 北京：五洲传播出版社，2025．1．-- ISBN 978-7-5085-5281-1
Ⅰ．TU984.21-49

中国国家版本馆CIP数据核字第2024MT9689号

作　　者：刘晓涛　魏　敏
地图绘制：刘凤玖
图　　片：刘晓涛　魏　敏　视觉中国　图虫创意
出 版 人：关　宏
责任编辑：侯琴雅
装帧设计：山谷有鱼

行走北京中轴线
出版发行：五洲传播出版社
地　　址：北京市海淀区北三环中路31号生产力大楼B座6层
邮　　编：100088
发行电话：010-82005927，010-82007837
网　　址：http://www.cicc.org.cn，http://www.thatsbooks.com
印　　刷：鸿博昊天科技有限公司
版　　次：2025年1月第1版第1次印刷
开　　本：710mm×1000mm　1/16
印　　张：13.5
字　　数：130千
定　　价：68.00元